Wissenschaftliche Reihe
Fahrzeugtechnik Universität Stuttgart

Herausgegeben von
M. Bargende, Stuttgart, Deutschland
H.-C. Reuss, Stuttgart, Deutschland
J. Wiedemann, Stuttgart, Deutschland

Das Institut für Verbrennungsmotoren und Kraftfahrwesen (IVK) an der Universität Stuttgart erforscht, entwickelt, appliziert und erprobt, in enger Zusammenarbeit mit der Industrie, Elemente bzw. Technologien aus dem Bereich moderner Fahrzeugkonzepte. Das Institut gliedert sich in die drei Bereiche Kraftfahrwesen, Fahrzeugantriebe und Kraftfahrzeug-Mechatronik. Aufgabe diedieser Bereiche ist die Ausarbeitung des Themengebietes im Prüfstandsbetrieb, in Theorie und Simulation. Schwerpunkte des Kraftfahrwesens sind hierbei die Aerodynamik, Akustik (NVH). Fahrdynamik und Fahrermodellierung, Leichtbau, Sicherheit, Kraftübertragung sowie Energie und Thermomanagement – auch in Verbindung mit hybriden und batterieelektrischen Fahrzeugkonzepten.

Der Bereich Fahrzeugantriebe widmet sich den Themen Brennverfahrensentwicklung einschließlich Regelungs- und Steuerungskonzeptionen bei zugleich minimierten Emissionen, komplexe Abgasnachbehandlung, Aufladesysteme und -strategien, Hybridsysteme und Betriebsstrategien sowie mechanisch-akustischen Fragestellungen.

Themen der Kraftfahrzeug-Mechatronik sind die Antriebsstrangregelung/Hybride, Elektromobilität, Bordnetz und Energiemanagement, Funktions- und Softwareentwicklung sowie Test und Diagnose.

Die Erfüllung dieser Aufgaben wird prüfstandsseitig neben vielem anderen unterstützt durch 19 Motorenprüfstände, zwei Rollenprüfstände, einen 1:1-Fahrsimulator, einen Antriebsstrangprüfstand, einen Thermowindkanal sowie einen 1:1-Aeroakustikwindkanal.

Die wissenschaftliche Reihe „Fahrzeugtechnik Universität Stuttgart" präsentiert über die am Institut entstandenen Promotionen die hervorragenden Arbeitsergebnisse der Forschungstätigkeiten am IVK.

Herausgegeben von

Prof. Dr.-Ing. Michael Bargende
Lehrstuhl Fahrzeugantriebe,
Institut für Verbrennungsmotoren und
Kraftfahrwesen, Universität Stuttgart
Stuttgart, Deutschland

Prof. Dr.-Ing. Jochen Wiedemann
Lehrstuhl Kraftfahrwesen,
Institut für Verbrennungsmotoren und
Kraftfahrwesen, Universität Stuttgart
Stuttgart, Deutschland

Prof. Dr.-Ing. Hans-Christian Reuss
Lehrstuhl Kraftfahrzeugmechatronik,
Institut für Verbrennungsmotoren und
Kraftfahrwesen, Universität Stuttgart
Stuttgart, Deutschland

Gernot Becker

Ein Fahrerassistenzsystem zur Vergrößerung der Reichweite von Elektrofahrzeugen

Gernot Becker
Stuttgart, Deutschland

Zugl.: Dissertation Universität Stuttgart, 2015
D93

Wissenschaftliche Reihe Fahrzeugtechnik Universität Stuttgart
ISBN 978-3-658-14139-4   ISBN 978-3-658-14140-0 (eBook)
DOI 10.1007/978-3-658-14140-0

Die Deutsche Nationalbibliothek verzeichnet diese Publikation in der Deutschen Nationalbibliografie; detaillierte bibliografische Daten sind im Internet über http://dnb.d-nb.de abrufbar.

Springer Vieweg
© Springer Fachmedien Wiesbaden 2016
Das Werk einschließlich aller seiner Teile ist urheberrechtlich geschützt. Jede Verwertung, die nicht ausdrücklich vom Urheberrechtsgesetz zugelassen ist, bedarf der vorherigen Zustimmung des Verlags. Das gilt insbesondere für Vervielfältigungen, Bearbeitungen, Übersetzungen, Mikroverfilmungen und die Einspeicherung und Verarbeitung in elektronischen Systemen.
Die Wiedergabe von Gebrauchsnamen, Handelsnamen, Warenbezeichnungen usw. in diesem Werk berechtigt auch ohne besondere Kennzeichnung nicht zu der Annahme, dass solche Namen im Sinne der Warenzeichen- und Markenschutz-Gesetzgebung als frei zu betrachten wären und daher von jedermann benutzt werden dürften.
Der Verlag, die Autoren und die Herausgeber gehen davon aus, dass die Angaben und Informationen in diesem Werk zum Zeitpunkt der Veröffentlichung vollständig und korrekt sind. Weder der Verlag noch die Autoren oder die Herausgeber übernehmen, ausdrücklich oder implizit, Gewähr für den Inhalt des Werkes, etwaige Fehler oder Äußerungen.

Gedruckt auf säurefreiem und chlorfrei gebleichtem Papier

Springer Vieweg ist Teil von Springer Nature
Die eingetragene Gesellschaft ist Springer Fachmedien Wiesbaden GmbH

Für Judith

Vorwort

Die vorliegende Arbeit entstand während meiner Zeit als wissenschaftlicher Mitarbeiter am Forschungsinstitut für Kraftfahrwesen und Fahrzeugmotoren Stuttgart (FKFS). Es war eine besondere Aufgabe an der Mobilität von morgen zu arbeiten und sich dabei den aktuellen und zukünftigen Herausforderungen zu stellen.

Herrn Prof. Dr.-Ing. Hans-Christian Reuss danke ich sehr für die Möglichkeit diese Arbeit verfassen zu können und für seine stete Unterstützung und Motivation, insbesondere in schwierigen Phasen. Ich danke ihm für das angenehme und fruchtbare Forschungsumfeld.

Ich danke Herrn Prof. Dr.-Ing. Bernard Bäker für die freundliche Übernahme des Mitberichts, die ausführliche Durchsicht dieser Arbeit und seine wertvolle fachliche Unterstützung.

Für die angenehme Zusammenarbeit, die Förderung und Unterstützung sowie den stetigen Rückhalt danke ich herzlich Herrn Dr.-Ing. Gerd Baumann. Dieser Dank gilt auch allen Kolleginnen und Kollegen am FKFS und IVK. Es bleiben auch neben der Arbeit viele unvergessliche Erlebnisse und Freundschaften. Ich danke allen, die zum Gelingen dieser Arbeit beigetragen haben, stellvertretend seien hier Dipl.-Ing. Phan-Lam Huynh, Dipl.-Ing. Thomas Rothermel, Dr.-Ing. Marc Stephan Krützfeldt und Maximilian Beer genannt. Für die fachlichen Beiträge zu dieser Arbeit im Rahmen von Studien- und Abschlussarbeiten danke ich allen beteiligten Studenten, allen voran M.Sc. Steffen Buck für hervorragende Arbeit beim Aufbau des Demonstratorfahrzeugs.

Von ganzem Herzen danke ich meiner Frau Judith für die unzähligen Stunden des Verzichts, die Motivation und den großen Rückhalt zu jeder Zeit sowie meinen Eltern und meiner Großmutter für die stete Förderung und Unterstützung im Studium und während der Promotion.

Mein besonderer Dank gilt Yvonne Ried, Phan-Lam Huynh, Matthias Ritter und Judith Becker für die gründliche Durchsicht dieser Dissertation. Zu guter Letzt danke ich auch Sarah Zitzler, Boris Hofmann und Marc Stephan Krützfeldt für die zusätzliche Motivation diese Arbeit zu verfassen.

Gernot Becker

Inhaltsverzeichnis

Vorwort VII
Abkürzungs- und Formelzeichenverzeichnis XIII
Abbildungsverzeichnis XVII
Tabellenverzeichnis XIX
Kurzfassung XXI
Abstract XXIII

1 Einleitung 1
   1.1 Reichweitenproblematik von Elektrofahrzeugen 2
      1.1.1 Technische Aspekte 3
      1.1.2 Psychologische Aspekte 3
   1.2 Aufbau der Arbeit 4

2 Stand der Technik und Grundlagen 7
   2.1 Kategorisierung von Fahrerassistenzsystemen 7
   2.2 Systeme im Serieneinsatz 8
   2.3 Systeme in Forschung und Vorentwicklung 9
   2.4 Vergleichsbasis für die Messungen 15
   2.5 Eingesetzte Werkzeuge und Komponenten 16
      2.5.1 Rapid Control Prototyping 16
      2.5.2 ADAS Framework 17
      2.5.3 Dynamische Programmierung nach Bellman 18
      2.5.4 Abstandssensor 19
      2.5.5 Elektronischer Horizont 20
      2.5.6 Basisfahrzeug 21
      2.5.7 Messtechnik 22
      2.5.8 Statistische Methoden 22

3 Das Fahrerassistenzsystem 27
   3.1 Methodische Findung eines Systemkonzepts 27
      3.1.1 Analyse der Einflussgrößen auf die Reichweite 28
      3.1.2 Bewertung der Einflussgrößen auf die Reichweite 34
      3.1.3 Ableitung einer Maßnahme zur Vergrößerung der Reichweite 36

3.1.4 Ableitung der Anforderungen an das Systemkonzept 37
3.1.5 Strategien für eine energieeffiziente Fahrzeuglängsführung 38
3.1.6 Erstellung des Systemkonzepts 40
3.2 Simulationsmodell 41
   3.2.1 Fahrzeugmodell 42
   3.2.2 Verkehrs- und Radarsensormodell 46
   3.2.3 Fahrermodell 47
   3.2.4 Elektronischer Horizont und Streckenmodell 47
3.3 Potenzial des Systemkonzepts 48
   3.3.1 Ergebnisse aus der Literatur 48
   3.3.2 Potenzialabschätzung aus Messdaten 49
3.4 Bedingungen der automatisierten Fahrzeuglängsführung 55
   3.4.1 Einschränkungen 55
   3.4.2 Vorausschau 56
   3.4.3 Aufgaben 56
3.5 Elemente der automatisierten Fahrzeuglängsführung 57
   3.5.1 Erkennung der Fahrsituation 58
   3.5.2 Konstantfahrt 59
   3.5.3 Geschwindigkeitsübergänge 59
   3.5.4 Abstandsregelung 65
   3.5.5 Mensch-Maschine-Schnittstellen 67
3.6 Demonstratorfahrzeug 68
3.7 Konzept zur Quantifizierung des Effektes auf die Reichweite 71
   3.7.1 Untersuchungsplanung 71
   3.7.2 Randbedingungen der Untersuchungsdurchführung 72
3.8 Theoretischer Ansatz zur Systemadaption 73

4 Auswertung und Quantifizierung 77
4.1 Ergebnisse der Messungen 77
   4.1.1 Streckenanteil mit automatisierter Längsführung 77
   4.1.2 Durchschnittsgeschwindigkeit 78
   4.1.3 Traktionsenergie 80
   4.1.4 Längsbeschleunigungen und Stillstände 87
   4.1.5 Umgebungstemperaturen 90

4.2 Teststatistik 91
4.3 Gesamtenergiebedarf und Reichweite 92
5 Zusammenfassung und Ausblick 95
Literaturverzeichnis 99

Abkürzungs- und Formelzeichenverzeichnis

Abkürzungen

ABS	Antiblockiersystem
ACC	Adaptive Cruise Control
ADAS	Advanced Driver Assistance System
BMVBS	Bundesministerium für Verkehr, Bau und Stadtentwicklung
CAN	Controller Area Network
Car-PC	In einem Fahrzeug verbauter Personal Computer
CO_2	Kohlenstoffdioxid
ECE-15	Stadtzyklus des NEFZ (Economic Comission for Europe)
EDV	Elektronische Datenverarbeitung
ESP	Elektronisches Stabilitätsprogramm
EU	Europäische Union
FAS	Fahrerassistenzsystem
FKFS	Forschungsinstitut für Kraftfahrwesen und Fahrzeugmotoren Stuttgart
FMCW	Frequency Modulated Continuous Wave
GmbH	Gesellschaft mit beschränkter Haftung
GPS	Global Positioning System
HiL	Hardware in the Loop
IKA	Institut für Kraftfahrzeuge Aachen
ISI	Fraunhofer-Institut für System- und Innovationsforschung
ISO	Internationale Organisation für Normung
NEFZ	Neuer Europäischer Fahrzyklus
PKW	Personenkraftwagen
Radar	Radio Detection and Ranging
RWTH	Rheinisch-Westfälische Technische Hochschule
V2I	Vehicle-to-Infrastructure Kommunikation
V2X	Vehicle-to-X Kommunikation

Formelzeichen

Zeichen	Einheit	Beschreibung
c_{Traj}	[-]	Anzahl theoretisch möglicher Trajektorien
c_{dec}	[-]	Anzahl erforderlicher Entscheidungen
df	[-]	Freiheitsgrade
$E_{Antrieb}$	[J]	Für eine Fahraufgabe benötigte Antriebsenergie
$E_{Bat,chem}$	[J]	Elektrochemische Energie aus Batterie
E_i	[-]	Übergangsfunktion zwischen zwei Systemzuständen
E_{Rad}	[J]	Antriebsenergie an den Rädern
E_{Traj}	[J]	Energiebedarf einer Trajektorie
$\hat{E}_{Traj}$	[J]	Energiebedarf der optimalen Trajektorie
F	[-]	F-Wert (Statistik)
F_{FW}	[N]	Gesamtfahrwiderstand
F_{krit}	[-]	Kritischer F-Wert
F_{krit_interp}	[-]	Interpolierter kritischer F-Wert
H_0	[-]	Nullhypothese
H_{01}	[-]	Minimum-Effekt-Nullhypothese
H_1	[-]	Alternativhypothese
I	[A]	Elektrischer Strom
i	[-]	Anzahl der Diskretisierungsschritte (Geschwindigkeit)
$\hat{L}_x(z)$	[-]	Optimale Lösung eines Optimierungsproblems nach x Optimierungsschritten
n	[-]	Anzahl der Diskretisierungsschritte (Strecke)
n_X	[-]	Größe einer Stichprobe X
$P_{Antrieb}$	[W]	Mechanische Antriebsleistung
P_{Prob}	[-]	Auftretenswahrscheinlichkeit
$P_{Verlust,bat}$	[W]	Verlustleistung in der Batterie
$P_{elektrisch}$	[W]	Elektrische Leistung
$R_{Bat,int}$	[Ω]	Innenwiderstand der Batterie
t	[-]	t-Wert (Statistik)
$t(x)$	[s]	Zeitpunkt an der Stelle x
v	[m/s]	Geschwindigkeit
v_{cur}	[m/s]	Aktuelle Geschwindigkeit

v_{des}	[m/s]	Sollgeschwindigkeit
z	[-]	Systemzustandsvektor
α	[-]	Signifikanzniveau
δ	[kWh]	Mittelwertverschiebung
$\hat{\delta}$	[kWh]	Schätzwert der Mittelwertverschiebung
$\eta_{Antriebsstrang}$	[-]	Wirkungsgrad des Antriebsstrangs
η_{Bat}	[-]	Batteriewirkungsgrad
η_{ges}	[-]	Gesamtwirkungsgrad
μ_{FAS}	[kWh]	Populationsmittelwert der Fahrten mit Fahrerassistenzsystem
μ_{man}	[kWh]	Populationsmittelwert der manuellen Fahrten
$\hat{\mu}_X$	[kWh]	Mittelwert einer Stichprobe X als Schätzwert für die Population
σ	[-]	Standardabweichung einer Population
$\hat{\sigma}$	[-]	Standardabweichung einer Stichprobe als Schätzwert für die Population
$\sigma_{E_{Trak},FAS}$	[-]	Standardabweichung des Traktionsenergiebedarfs bei den Fahrten mit Fahrerassistenzsystem
$\sigma_{E_{Trak},Vergleich}$	[-]	Standardabweichung des Traktionsenergiebedarfs bei den Vergleichsfahrten
$\sigma_{E_{Trak-pos},FAS}$	[-]	Standardabweichung der eingesetzten Traktionsenergie bei den Fahrten mit Fahrerassistenzsystem
$\sigma_{E_{Trak-pos},Vergleich}$	[-]	Standardabweichung der eingesetzten Traktionsenergie bei den Vergleichsfahrten
$\sigma_{\varnothing v,FAS}$	[-]	Standardabweichung der Durchschnittsgeschwindigkeit bei den Fahrten mit Fahrerassistenzsystem
$\sigma_{\varnothing v,Vergleich}$	[-]	Standardabweichung der Durchschnittsgeschwindigkeit bei den Vergleichsfahrten

Abbildungsverzeichnis

Abbildung 1: Reichweite verschiedener batterieelektrischer Fahrzeuge.................... 2
Abbildung 2: Rundkurs mit repräsentativen Straßentypanteilen nach [22] 15
Abbildung 3: Schnittstellen des ADAS Framework zur Fahrerassistenzfunktion 18
Abbildung 4: Basisfahrzeug für die Umbauten 21
Abbildung 5: Methodischer Prozess zur Konzeptfindung 27
Abbildung 6: Einflussgrößen auf den Energiebedarf für eine Fahraufgabe 28
Abbildung 7: Strategien für eine energieeffiziente Fahrzeuglängsführung 39
Abbildung 8: Systemkonzept für das Fahrerassistenzsystem 40
Abbildung 9: Aufbau des Simulationsmodells 41
Abbildung 10: Wirkungsgradkennfeld des elektrischen Antriebsstrangs 44
Abbildung 11: Kennlinien maximal verfügbarer Antriebs- und Bremsmomente 45
Abbildung 12: Verzögerung durch Rekuperation im Demonstratorfahrzeug 50
Abbildung 13: Vergleich von Messung und Potenzialschätzung in Beispielsituation. 52
Abbildung 14: Beispiel unnötiger Beschleunigungsanteile und Potenzialschätzung... 53
Abbildung 15: Aufgaben der Fahrzeuglängsführung in Beispielsituation nach [94]... 57
Abbildung 16: Struktur der Fahrerassistenzfunktion 58
Abbildung 17: Illustrierung der Diskretisierung eines Verzögerungsmanövers 61
Abbildung 18: Häufigkeitsverteilung der gemessenen Längsbeschleunigungen 64
Abbildung 19: Kennfeld für Beschleunigungsvorgänge 65
Abbildung 20: Häufigkeitsverteilung der Dauer der Stillstände der Zielfahrzeuge 67
Abbildung 21: Ablaufschaubild der Systemaktivierung des Fahrerassistenzsystems.. 68
Abbildung 22: Zusätzliche Komponenten im Demonstratorfahrzeug nach [94] 69
Abbildung 23: Hardwarekomponenten im Kofferraum des Demonstratorfahrzeugs .. 70
Abbildung 24: Radarsensor in Fahrzeugfront des Demonstratorfahrzeugs 70
Abbildung 25: Display und Bedienfeld im Demonstratorfahrzeug 70
Abbildung 26: Verschiebung des Eingriffszeitpunkts 75
Abbildung 27: Mit automatisierter Längsführung zurückgelegte Streckenanteile 78
Abbildung 28: Vergleich der erzielten mittleren Durchschnittsgeschwindigkeiten 78
Abbildung 29: Box-Whisker-Plot der erzielten Durchschnittsgeschwindigkeiten 79
Abbildung 30: Mittlerer Traktionsenergiebedarf der Mess- und Vergleichsfahrten ... 80
Abbildung 31: Box-Whisker-Plots der gemessenen Traktionsenergie 81
Abbildung 32: Zusammenhang zwischen eingesetzter und rekuperierter Energie 83
Abbildung 33: Verluste durch Roll- und Luftwiderstand 84
Abbildung 34: Darstellung der benötigten und der eingesetzten Traktionsenergie 85

Abbildung 35: Histogramme des gemessenen Traktionsenergiebedarfs 86
Abbildung 36: Häufigkeitsverteilungen der gemessenen Längsbeschleunigungen 87
Abbildung 37: Box-Whisker-Plots der Stillstände bei den Fahrten 89
Abbildung 38: Box-Whisker-Plots der mittleren Temperaturen bei den Fahrten 90
Abbildung 39: Gesamtenergiebedarf und theoretische Reichweite.................... 93

Tabellenverzeichnis

Tabelle 1: Spezifikationen des Tesla Roadster [67,68] 21
Tabelle 2: Bewertung verschiedener Einflussgrößen auf die Reichweite 36
Tabelle 3: Effekte auf Energiebedarf und Reichweite durch errechnete Potenziale 54
Tabelle 4: Art und Quelle der Vorausschauinformationen 56
Tabelle 5: Kenngrößen der statistischen Auswertung 91

Kurzfassung

Die Reichweite batterieelektrischer Fahrzeuge ist heute meist noch deutlich geringer als die konventionell angetriebener Fahrzeuge mit Verbrennungsmotor. Diese Arbeit beschreibt die Findung, Realisierung und Quantifizierung eines Ansatzes zur Vergrößerung der Reichweite von Elektrofahrzeugen.

Zur Findung eines geeigneten Lösungsansatzes für die Reichweitenproblematik wird ein methodischer Prozess definiert. Hierbei werden Zusammenhänge und Einflussgrößen der Reichweite batterieelektrischer Fahrzeuge beleuchtet. Das Ergebnis des Prozesses ist das Systemkonzept eines Fahrerassistenzsystems als wirkungsvolle Maßnahme zur Vergrößerung der Reichweite. Es beruht auf der Strategie den Traktionsenergiebedarf eines Fahrzeugs mithilfe einer energieeffizienten, automatisierten Fahrzeuglängsführung zu reduzieren und dadurch die Reichweite, die mit der verfügbaren Energie erzielt werden kann, zu vergrößern. Das Fahrerassistenzsystem stützt sich im Wesentlichen auf Informationen eines Radarsensors, eines elektronischen Horizonts, der auf einer digitalen Karte basiert, und energetisch relevanten Fahrzeugcharakteristika. Die Daten dieser Informationsquellen werden unter Berücksichtigung von Aspekten der Fahrerakzeptanz für die energieeffiziente Gestaltung der Fahrzeuglängsführung mittels modellprädiktiver Berechnungen und Optimierungen verwendet.

Zur Modellierung und simulativen Untersuchung der Fahrerassistenzfunktion sowie für eine Potenzialanalyse wird ein Simulationsmodell verwendet, in dem sämtliche systemrelevanten Komponenten abgebildet sind. Die Quantifizierung des Effekts der automatisierten Fahrzeuglängsführung auf die erzielbare Reichweite eines batterieelektrischen Fahrzeugs erfolgt in einem realen Versuchsträger. Auf Basis statistischer Kriterien wurden auf einer repräsentativen Strecke unter realen Bedingungen Messfahrten durchgeführt, bei denen die Längsführung des Demonstratorfahrzeugs nahezu vollständig automatisiert absolviert wurde. Als Vergleichsbasis dienen Messdaten einer repräsentativen Probandenstudie mit demselben Fahrzeug, bei der die Längsführung manuell durch die Probanden erfolgte. Die Auswertung der Ergebnisse zeigt, dass die energieeffiziente, automatisierte Längsführung des Fahrerassistenzsystems zu einer signifikanten Verringerung des Energiebedarfs des Fahrzeugs führt und damit einen wirkungsvollen Ansatz darstellt der Reichweitenproblematik heutiger batterieelektrischer Fahrzeuge zu begegnen.

Abstract

The range of today's battery-electric vehicles is in the majority of cases still significantly lower than the range of conventionally powered vehicles with internal combustion engine. This thesis describes the identification, realization and quantification of an approach to increase the range of electric vehicles.

In order to find a suitable approach for this range challenge, a methodic process is defined. Dependencies and influencing variables on the range of battery-electric vehicles are thereby illuminated. The result of the process is the system concept of a driver assistance system as an effective measure to increase the range. It is based on the strategy to reduce the consumption of traction energy of a vehicle by using an energy-efficient automated vehicle longitudinal control and thus enlarge the range that can be achieved with the available energy. The driver assistance system mainly relies on information from a radar sensor, an electronic horizon based on a digital map and energy-related vehicle characteristics. Taking aspects of driver acceptance into account the data from these sources are used to shape the energy-efficient vehicle longitudinal control by means of model predictive calculations and optimizations.

For modeling and simulative analysis of the driver assistance function as well as a potential analysis, a simulation model is used which contains all system-relevant components. The quantification of the effect of the automated vehicle longitudinal control on the achievable range of a battery-electric vehicle is carried out in an experimental vehicle. Test runs in which the longitudinal control of the experimental vehicle was performed almost completely automated were conducted on a representative route under real-life conditions considering statistical criteria. Data measured in a representative test person study with the same vehicle in which the longitudinal control was done manually by the test persons serve as reference values. The analysis of the results shows that the energy-efficient, automated longitudinal control conducted by the driver assistance system leads to significant reductions in energy consumption of the vehicle and thus represents an effective approach to deal with the range challenge of today's battery-electric vehicles.

1 Einleitung

Auf dem Weg in eine zukunftsfähige Mobilität hat die Elektromobilität einen hohen Stellenwert eingenommen. Angesichts einer weltweit stark steigenden Nachfrage nach individueller Mobilität, insbesondere in Wachstumsmärkten wie China oder Indien, sind ökologischere Mobilitätskonzepte notwendig. Zudem rücken aufgrund der steigenden Nachfrage nach Erdöl und des damit verbundenen Preisanstiegs auch ökonomische Aspekte immer mehr in den Vordergrund. Die Umsetzung und Einhaltung politischer Emissionsziele zur Reduzierung des CO_2-Ausstoßes und der Abhängigkeit von Erdöl stellen eine große technische und gesellschaftliche Herausforderung dar und erfordern neue Technologien. [1,2,3]

Seit Erfindung des Automobils wurden kontinuierlich Systeme entwickelt, die den Fahrer bei der Fahrzeugführungsaufgabe unterstützen. Im heutigen Verständnis von Fahrerassistenzsystemen sind aber meist elektronische Systeme gemeint, die zum Komfort und zur aktiven Sicherheit beitragen[1] [4].

Die Kapazität des Menschen zur Ausführung bestimmter Aufgaben ist begrenzt. Ein Fahrer[2] kann daher die visuelle, haptische und auditive Informationsflut, wie sie in vielen Verkehrssituationen auftritt, nicht vollständig verarbeiten. Die Anforderungen, die dabei an einen Fahrer gestellt werden, hängen stark von der Komplexität der Verkehrssituation ab. Die Art und Weise, mit der ein Fahrer die jeweilige Fahraufgabe bewältigt, hängt von den ihm zur Verfügung stehenden technischen Mitteln und der Charakteristik des Fahrers ab. Mit zunehmender Dauer und Komplexität kann sich das Verhalten aufgrund von Ermüdung oder Überforderung ändern. Die visuellen, haptischen und auditiven Informationen werden dann nur noch unzureichend verarbeitet. Hierin liegt eine zentrale Motivation für Fahrerassistenzsysteme, die den Fahrer bei der Verarbeitung der Informationen und der Ableitung der richtigen Handlung unterstützen oder diese sogar selbst übernehmen. [4,5,6]

Mit zunehmender Rechenleistung, die in Steuergeräten zur Verfügung steht, lassen sich immer intelligentere und komplexere Fahrerassistenzsysteme realisieren. Neben einer Entlastung des Fahrers und der Erhöhung der Sicherheit bieten intelligente Systeme auch Potenzial zur energieeffizienten Fahrzeugführung. In dieser Arbeit wird ein Fahrerassistenzsystem vorgestellt, das dieses Potenzial mittels Vorausschau und einer

---

[1] Der Begriff „Fahrerassistenzsystem" wird in dieser Arbeit in diesem Sinne verwendet.

[2] Die aus Gründen der Lesbarkeit ausschließlich verwendete männliche Form schließt in der gesamten Arbeit beide Geschlechter gleichermaßen ein.

energieeffizienten, automatisierten Längsführung auf ein batterieelektrisches Fahrzeug überträgt. Daraus resultieren neue Erkenntnisse darüber, wie sich ein derartiges System, das speziell an ein batterieelektrisches Fahrzeug angepasst ist, auf die Reichweite des Fahrzeugs im kundenrelevanten Fahrbetrieb auswirkt. Die Quantifizierung erfolgt anhand einer Messfahrtenstudie auf einer für Deutschland repräsentativen Strecke.

1.1 Reichweitenproblematik von Elektrofahrzeugen

Die Reichweiten rein elektrisch betriebener Fahrzeuge, die ihre Energie aus einer Batterie[3] beziehen, sind heute meist noch deutlich geringer als die, die mit Fahrzeugen mit konventionellem, verbrennungsmotorischem Antrieb darstellbar sind. Abbildung 1 zeigt eine Auswahl aktueller batterieelektrischer Fahrzeuge und die dazugehörige in Testzyklen ermittelte Reichweite.

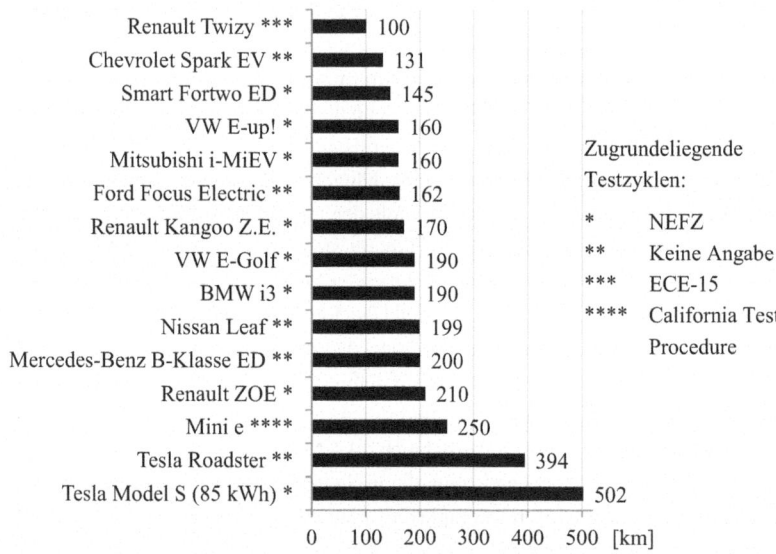

Abbildung 1: Reichweite verschiedener batterieelektrischer Fahrzeuge [7-21]

---

[3] Da es sich bei Traktionsbatterien in Fahrzeugen um wiederaufladbare elektrische Energiespeicher handelt, die aus Sekundärzellen bestehen, lautet die korrekte Bezeichnung „Akkumulator". Der Begriff „Batterie" hat sich im Sprachgebrauch aber auch für mehrere zusammengeschaltete Akkumulatorzellen etabliert.

1.1 Reichweitenproblematik von Elektrofahrzeugen

1.1.1 Technische Aspekte

Im realen Betrieb wird die in den Testzyklen ermittelte Reichweite stark vom Nutzungsverhalten beeinflusst, so dass die tatsächliche Strecke, die mit dem Fahrzeug ohne Wiederaufladen der Batterie zurückgelegt werden kann, normalerweise deutlich geringer ist. Dabei spielt neben Fahrprofil und Fahrstil auch die Nutzung der Nebenverbraucher eine Rolle.

Bei einer repräsentativen Probandenstudie, die am Forschungsinstitut für Kraftfahrwesen und Fahrzeugmotoren (FKFS) mit einer Elektrofahrzeugflotte durchgeführt wurde, wurde unter anderem der durchschnittliche Energieverbrauch der Fahrzeuge im realen Betrieb ermittelt. Dieser liegt für die verschiedenen Fahrzeugtypen zwischen 15,5 und 21,8 kWh/100 km [22]. Heutige in Elektrofahrzeugen verwendete Lithium-Ionen-Batterien weisen spezifische Energiedichten zwischen 80 und 180 Wh/kg auf [23,24]. Im Vergleich dazu haben Kraftstoffe wie Benzin oder Diesel eine spezifische Energiedichte von 11,5 bis 12 kWh/kg [25]. Die Kosten für Traktionsbatterien haben sich in den vergangenen Jahren sehr dynamisch entwickelt. Im Jahr 2011 lagen diese noch bei etwa 500 €/kWh, 2013 fielen die Kosten auf etwa 200 €/kWh [26,27,23]. Die Darstellung einer mit konventionellen Fahrzeugen[4] vergleichbaren Reichweite scheint daher unter technischen und ökonomischen Aspekten nicht sinnvoll und allenfalls dem hochpreisigen Oberklassesegment vorbehalten.

1.1.2 Psychologische Aspekte

Eine Umfrage, die am Fraunhofer-Institut für System- und Innovationsforschung (ISI) im Auftrag des Bundesministeriums für Verkehr, Bau und Stadtentwicklung (BMVBS) durchgeführt wurde, ergab, dass Nutzer von Elektrofahrzeugen sich am häufigsten eine Vergrößerung der Reichweite wünschen, um Elektrofahrzeuge attraktiver zu machen [28]. Am zweit- und dritthäufigsten wurde die Senkung der Kosten und die Verkürzung der Ladedauer genannt [28]. Die Reichweite ist daher ein wichtiger Baustein für die Kundenakzeptanz [28,29].

Laut Mobilitätsdaten legen 80 % der Bevölkerung der Bundesrepublik Deutschland pro Tag maximal 39 km mit dem Auto zurück [30]. Die Reichweite heutiger Elektrofahrzeuge scheint daher auf den ersten Blick für viele ausreichend. Die technisch realisierbare Reichweite ist jedoch für den Fahrer nicht vollständig nutzbar und

---

[4] Fahrzeuge mit verbrennungsmotorischem Antrieb

die Unsicherheit der Zielerreichung wirkt sich negativ auf die Akzeptanz aus. In [31] wird zwischen verschiedenen Reichweitenschwellen unterschieden. Die technische Reichweite entspricht den in Testzyklen ermittelten Werten und ist vom Fahrer unabhängig. Die kompetente und die performante Reichweite hängen von den Fähigkeiten einer im Sinne der Reichweite möglichst günstigen Fahrweise und vom persönlichen Fahrstil des Fahrers ab. Die komfortable Reichweite ist für den jeweiligen Fahrer mit gutem Gewissen realisierbar. Diese beinhaltet einen Sicherheitspuffer zur Zielerreichung, wodurch bis zu 25 % der technischen Reichweite ungenutzt bleiben. [31]

1.2 Aufbau der Arbeit

Nach der Einführung in die Reichweitenproblematik heutiger batterieelektrischer Elektrofahrzeuge in Kapitel 1 folgt in Kapitel 2 eine Darstellung von in der Literatur bekannten Fahrerassistenzsystemen, deren Ziel die Senkung des Energiebedarfs eines Fahrzeugs ist. Dabei wird zwischen Systemen unterschieden, die bereits in Serie zum Einsatz kommen, und Ansätzen, die in Forschung und Vorentwicklung untersucht und entwickelt wurden. Als Vergleichsbasis für die im Rahmen dieser Arbeit erzielten Ergebnisse dienen Messdaten aus einer Probandenstudie, die in Kapitel 2.4 beschrieben wird. In Kapitel 2.5 werden Grundlagen der Werkzeuge und Komponenten erläutert, die zur Umsetzung des Fahrerassistenzsystems erforderlich sind. Diese Grundlagen sind für das Verständnis der vorliegenden Arbeit von Bedeutung.

In Kapitel 3 wird mit dem Fahrerassistenzsystem, welches Gegenstand dieser Arbeit ist, ein Ansatz vorgestellt, der einen Beitrag zur Lösung der Reichweitenproblematik liefert und zur Vergrößerung der Reichweite eines Elektrofahrzeugs führt. Der dabei durchlaufene wissenschaftliche Prozess wird von der methodischen Findung eines Systemkonzepts bis zur prototypischen Realisierung des Systems in einem Demonstratorfahrzeug dargestellt. Nach der Analyse und Bewertung der Einflussgrößen auf die Reichweite sowie der Ableitung von Maßnahmen, Anforderungen und Strategien in Kapitel 3.1 werden in Kapitel 3.2 die einzelnen Bausteine des Simulationsmodells, bestehend aus Fahrzeugmodell, Verkehrs- und Radarmodell, Fahrermodell sowie einem Streckenmodell, beschrieben. In Kapitel 3.3 erfolgt eine Potenzialanalyse des erarbeiteten Systemansatzes aus Ergebnissen der Literatur und einer detaillierten Analyse mit Messdaten der Vergleichsstudie. Die Bedingungen, die sich aus dem Systemkonzept für das Fahrerassistenzsystem und speziell für dessen prototypische Umsetzung ergeben, sind in Kapitel 3.4 beschrieben. Kapitel 3.5 beinhaltet die Umsetzung der automatisierten Fahrzeuglängsführung des Fahrerassistenzsystems auf Basis der

1.2 Aufbau der Arbeit

erarbeiteten Strategien der Fahrerassistenzfunktion. Diese umfasst die Situationserkennung, die Konstantfahrt, die Gestaltung von Geschwindigkeitsübergängen und die Umsetzung geeigneter Mensch-Maschine-Schnittstellen für das Fahrerassistenzsystem. Die prototypische Realisierung des Systems und das Konzept zur Quantifizierung des Effekts des Fahrerassistenzsystems auf die Reichweite werden in Kapitel 3.6 und 3.7 beschrieben.

Die Ergebnisse der Untersuchung zur Quantifizierung der Auswirkungen auf die Reichweite sowie deren vollständige Bewertung werden in Kapitel 4 dargestellt. Der Auswertung verschiedener Messgrößen in Kapitel 4.1 folgt die Berechnung der Teststatistik für die durchgeführten Untersuchungen in Kapitel 4.2, anhand derer die statistische Aussagekraft der Ergebnisse beurteilt werden kann. Kapitel 4.3 beschreibt die Übertragung der Ergebnisse auf den Gesamtenergiebedarf des Demonstratorfahrzeugs und die daraus resultierende theoretische Reichweite. Die Arbeit schließt mit einer Zusammenfassung der Ergebnisse und einem Ausblick in Kapitel 5.

2 Stand der Technik und Grundlagen

In den vergangenen 25 Jahren haben sich eine Vielzahl moderner Fahrerassistenzsysteme auf dem Markt etabliert und sind in einigen Fällen zum technischen und gesetzlichen Standard geworden. Systeme, wie das Antiblockiersystem ABS und das elektronische Stabilitätsprogramm ESP, sind aufgrund ihres herausragenden Beitrags zur aktiven Sicherheit eines Fahrzeugs nicht mehr wegzudenken. Bisher standen hauptsächlich Komfort und aktive Sicherheit im Fokus der Entwicklung von Fahrerassistenzsystemen. Zunehmend rücken jedoch auch weitere Aspekte, wie die Verbesserung der Energieeffizienz, in den Vordergrund. Die durch den Einfluss des Fahrers auftretenden relativen Kraftstoffverbrauchsschwankungen betragen bis zu 33 % [32]. Fahrerassistenzsysteme, die den Fahrer bei einer effizienten Fahrweise unterstützen oder die Längsregelung des Fahrzeugs automatisiert durchführen, sind daher eine vielversprechende Maßnahme zur Reduzierung des Energiebedarfs. Dies gilt insbesondere für vorausschauende Fahrerassistenzsysteme [33].

In diesem Kapitel wird der Stand der Technik von Fahrerassistenzsystemen dargestellt, die die Verbesserung der Energieeffizienz eines Fahrzeugs zum Ziel haben. Des Weiteren werden Grundlagen behandelt, die zum Verständnis dieser Arbeit beitragen.

2.1 Kategorisierung von Fahrerassistenzsystemen

Fahrerassistenzsysteme lassen sich nach Edmund Donges anhand der Fahraufgaben, die das System übernimmt, kategorisieren. Dabei wird in der Drei-Ebenen-Hierarchie zwischen den Fahraufgaben Navigation, Führung und Stabilisierung unterschieden. Die Ebene der Navigation beinhaltet Systeme, die den Fahrer bei der Wahl einer Fahrtroute unterstützen. Bei dieser wissensbasierten Unterstützung sind verschiedenste Ausprägungen und Optimierungskriterien denkbar, beispielsweise die Nutzung telematischer Informationen anderer Verkehrsteilnehmer. Ein System, das eine Fahraufgabe auf der Führungsebene übernimmt, ermittelt eine für die jeweilige Verkehrssituation geeignete Geschwindigkeit oder Fahrspur. Ein typisches Beispiel ist ACC (Adaptive Cruise Control). Ein System, das die Einhaltung bestimmter Zustandsgrößen überwacht und beeinflusst, beispielsweise ESP, agiert auf der Stabilisierungsebene. [4]

Demnach bieten insbesondere Systeme, die auf den Ebenen der Navigation und der Führung arbeiten, Potenzial zur Verbesserung der Energieeffizienz eines Fahrzeugs.

2.2 Systeme im Serieneinsatz

Für moderne Fahrzeuge ist eine Vielzahl von Fahrerassistenzsystemen erhältlich. Die meisten Systeme dienen der aktiven Sicherheit und dem Komfort des Fahrers, beispielsweise ESP, ABS, Notbrems-, Totwinkel- oder Einparkassistenten. Dieses Kapitel stellt Systeme vor, die den Energiebedarf eines Fahrzeugs senken können und heute bereits in Serienfahrzeugen verfügbar sind.

Seit 1999 ist das Fahrerassistenzsystem ACC auf dem europäischen Markt erhältlich [4]. Auch wenn der Fokus dieses Systems auf dem Komfortgewinn für den Fahrer liegt, bringt ein Abstandsregeltempomat durch die Harmonisierung des Fahrstils gleichzeitig einen Energieverbrauchsvorteil mit sich, wie in [34] gezeigt wird. Bei einer repräsentativen Probandenstudie wurden Messfahrten mit und ohne Serien-ACC-System durchgeführt. Der Vergleich der Fahrten lieferte einen um 1,5 % geringeren Kraftstoffverbrauch bei der Verwendung von ACC. In schweren Nutzfahrzeugen sind ACC-Systeme im Einsatz, die in Kombination mit topografischen Informationen über die vorausliegende Strecke die Fahrzeuggeschwindigkeit anpassen, beispielsweise bei [35,36,37]. Vor einem Berg wird die Geschwindigkeit erhöht, um Schaltvorgänge am Berg vermeiden oder reduzieren zu können. Vor einer Bergabfahrt oder auf einer Kuppe wird die potenzielle Energie des Fahrzeugs genutzt, um die Sollgeschwindigkeit zu erreichen. Durch diese Maßnahmen wird weniger Kraftstoff benötigt und die durch das Bremsen dissipierte Energie verringert. Der Kraftstoffverbrauch sinkt um 3 [36,37] bis 5 % [35]. Diese Maßnahme kann mit einem System gekoppelt werden, das in Segelphasen die Schleppverluste durch automatisches Auskuppeln des Motors verringert [36].

Ein weitverbreitetes System in Fahrzeugen mit manuellen Schaltgetrieben ist die Empfehlung einer verbrauchsgünstigen Gangwahl, wie in [38,39]. Dabei wird dem Fahrer in einem Display angezeigt, ob ein Gangwechsel im aktuellen Fahrzustand sinnvoll ist, um möglichst kraftstoffsparend zu fahren. Im Stadtverkehr mit häufigen Gangwechseln lässt sich ein Verbrauchsvorteil von bis zu 25 % erreichen [38]. In [40] wird der Fahrer bei der Wahl einer effizienten Gaspedalstellung für die jeweilige Fahrsituation unterstützt. Zusätzlich zu einer visuellen Anzeige erhält der Fahrer über das Gaspedal ein haptisches Signal, indem ein entsprechender Gegendruck im Pedal erzeugt wird. Die effizienteste Gaspedalstellung wird dabei aus einem Motorverbrauchskennfeld und einem Getriebewirkungsgradkennfeld ermittelt. Der Verbrauchsvorteil beträgt 5 bis 10 % [40].

2.3 Systeme in Forschung und Vorentwicklung

Die haptische Signalübertragung über das Gaspedal kommt in [41] in einem Hybridfahrzeug zum Einsatz. Mithilfe eines Radarsensors werden vorausfahrende Fahrzeuge erkannt. Bei Annäherung an ein solches Fahrzeug gibt das ECO-Assistent-System dem Fahrer eine Empfehlung, wann er vom Gas gehen soll, damit die Annäherung durch eine möglichst lange Segelphase energieoptimal erfolgen kann. Der Verbrennungsmotor wird dabei ausgeschaltet und vom Antriebsstrang abgekoppelt. Das Rekuperationsmoment des Elektromotors wird an sich ändernde Randbedingungen des Annäherungsmanövers angepasst. Das Hybridfahrzeug verfügt darüber hinaus über verschiedene Hybridmodi. Diese können vom Fahrer gewählt werden. Ist die Route durch Eingabe in das Navigationsgerät bekannt, kann ein Fahrerassistenzsystem diese Auswahl übernehmen und die Modi durch Kenntnis der vorausliegenden Strecke energetisch optimal einsetzen. So kann beispielsweise der verbrennungsmotorische Betrieb des Fahrzeugs im Stadtverkehr am Ende einer Route vermieden werden, indem das System für diesen Streckenteil einen entsprechenden Ladezustand der Batterie vorhält. Die Strategie wird so angepasst, dass die Batterie des Fahrzeugs am Zielort den geringstmöglichen Ladezustand erreicht hat. [41]

Navigationssysteme, wie in [42] und [43], die neben der schnellsten und der kürzesten Route auch die Berechnung der sparsamsten Route ermöglichen, sind auf dem Markt verbreitet und besitzen das Potenzial, den Kraftstoffverbrauch zu senken. Der Fahrer kann zu Beginn einer Fahrt unter Berücksichtigung aktueller Verkehrsdaten die voraussichtlich verbrauchsgünstigste Route wählen. In [42] ist die Funktion zu einem Reichweitenassistenten für ein Elektrofahrzeug erweitert. In Abhängigkeit des Fahrstils, der vorausliegenden Strecke und des Ladezustands der Batterie wird dynamisch die Reichweite des Fahrzeugs angezeigt. Liegt diese unterhalb der Entfernung des eingegebenen Zielorts, empfiehlt das System eine nahegelegene Ladestation aufzusuchen.

2.3 Systeme in Forschung und Vorentwicklung

Die zunehmende Bedeutung von Fahrerassistenzsystemen zur Verbesserung der Energieeffizienz spiegelt sich in einer wachsenden Zahl an Forschungsarbeiten und Vorentwicklungsprojekten zu diesem Thema wider. Im Folgenden werden Systeme und Ansätze betrachtet, deren Schwerpunkt die Minimierung des Energiebedarfs eines Fahrzeugs durch geeignete Anpassung der Fahrzeuggeschwindigkeit ist. In der Literatur sind hierzu zahlreiche Lösungsansätze zu finden. Bei allen nachfolgend beschriebenen Ansätzen werden Modelle der energetisch relevanten Fahrzeugkomponenten verwendet, um den Energiebedarf zu berechnen. Mithilfe eines Optimierungsalgorithmus wird, unter Berücksichtigung von Randbedingungen, die optimale Lösung ermittelt.

In [44] wird ein Ansatz simulativ untersucht, der die Geschwindigkeitstrajektorie eines Elektrofahrzeugs zwischen zwei gegebenen Ereignissen, beispielsweise Ampeln, optimiert. Die Streckeninformationen werden als gegeben vorausgesetzt. Der Optimierungsalgorithmus ist mit dynamischer Programmierung nach Bellman umgesetzt. Ziel der Optimierung ist es, den Energieverbrauch zu minimieren. Das dabei identifizierte Einsparpotenzial für eine betrachtete Einzelsituation beträgt 20 %. Bei der Simulation eines vollständigen Stadtverkehrsszenarios wird in [45] die Kraftstoffeinsparung durch einen vergleichbaren Ansatz auf 13,2 % beziffert. [44,45]

In [46] wird ein theoretischer Ansatz für energieeffizientes Fahren als Problem einer optimalen Steuerung beschrieben. Es werden verschiedene Varianten mit unterschiedlichen Algorithmen zur Lösung der Optimierungsaufgabe untersucht und evaluiert. Die Untersuchungen beschränken sich auf simulative Betrachtungen. Das dabei eingesetzte Fahrzeugmodell basiert auf einem Fahrzeug mit konventionellem Antrieb. [46]

In [47] wird die modellprädiktive Regelung zur energetischen Optimierung in Verbindung mit dem Fahrerassistenzsystem ACC simulativ untersucht. Dabei stehen sowohl Freifahrt- als auch Folgefahrtszenarien[5] im Fokus der Potenzialermittlung. Bei der Freifahrt werden dem System wechselnde Geschwindigkeitsbegrenzungen vorgegeben. Der Vergleich mit einem ACC-System ohne energetische Optimierung ergab einen um 12,8 % verringerten Kraftstoffverbrauch. Bei einem Folgefahrtszenario mit einem oszillierenden Geschwindigkeitsverlauf des vorausfahrenden Fahrzeugs, konnte ein Kraftstoffeinsparpotenzial von 17,4 % erreicht werden. [47]

Auch die Verwendung von Verkehrsdaten, wie der Verkehrsdichte und der Verkehrsgeschwindigkeit auf einer Autobahn, als Eingangsinformationen für ACC kann zu einer Kraftstoffeinsparung führen, wie in [48] simulativ gezeigt wurde. Durch die vorausschauende Anpassung der Fahrzeuggeschwindigkeit konnte, in Abhängigkeit der Länge des Vorausschauhorizonts, zwischen 5 und 7 % Kraftstoff eingespart werden. Die Fahrtdauer hat sich dabei um bis zu 3 % erhöht. [48]

Im Stadtverkehr haben Ampeln als wichtigstes Steuerungselement für den Verkehrsablauf einen großen Einfluss auf den Kraftstoffverbrauch. Im Projekt

---

[5] Der Begriff der Folgefahrt bezeichnet ein Verkehrsszenario, bei dem die Fahrzeuglängsführung durch ein vorausfahrendes Fahrzeug beeinflusst wird.

2.3 Systeme in Forschung und Vorentwicklung 11

TRAVOLUTION, das in [49] vorgestellt wird, wurde unter anderem eine Lichtsignal-Fahrzeug-Kommunikation umgesetzt. Über ein Display wird dem Fahrer eine Geschwindigkeit empfohlen, mit der er die nächste Ampel in einer Grünphase, ohne anzuhalten, passieren kann. Durch die Vermeidung von Stillständen besitzt ein derartiges System Potenzial, den Energieverbrauch von Fahrzeugen zu verringern. Anstelle einer Geschwindigkeitsempfehlung ist auch eine Einbindung dieser Information in eine automatisierte Fahrzeuglängsführung denkbar. [49]

Für die Darstellung theoretischer Ansätze in Prototypen sind onlinefähige Algorithmen erforderlich. In Kombination mit einem elektronischen Horizont, der energetisch relevante Streckenparameter zur Verfügung stellt, können optimierte Geschwindigkeitstrajektorien für eine automatisierte Fahrzeuglängsregelung verwendet werden. Im Folgenden werden Systeme und Ansätze vorgestellt, bei denen eine modellprädiktive, automatisierte Fahrzeuglängsregelung realisiert und teilweise in Versuchsträgern prototypisch implementiert ist.

In [50] wird ein bei der Robert Bosch GmbH entwickeltes System mit dem Namen ECO-ACC beschrieben. Es ist eine Erweiterung des klassischen Abstandsregeltempomaten für Elektro- und Hybridfahrzeuge. Die Arbeiten entstanden im Rahmen des EU-Förderprojekts OpEneR (Optimal Energy Consumption and Recovery based on a System Network). Dabei stand die energetische Optimierung einer Annäherung an ein langsameres, vorausfahrendes Fahrzeug im Fokus. Die verwendete Sensorik unterscheidet sich nicht von der, die bei einem Standard-ACC zum Einsatz kommt. Durch Rekuperation und Segelbetrieb wird die Verwendung der Reibbremsen minimiert und damit der Energiebedarf für das Annäherungsmanöver gesenkt. Für den Segelbetrieb können die Elektromotoren mechanisch abgekoppelt werden, um Verluste im elektrischen Antriebsstrang während des Segelns zu vermeiden. Mittels dynamischer Programmierung nach Bellman wird für einen Optimierungsterm, bestehend aus Energie, Zeit und einem Gewichtungsfaktor, das globale Optimum gefunden. Je nach Wahl des Gewichtungsfaktors lässt sich ein Ergebnis zwischen minimalem Energieverbrauch und minimaler Manöverdauer erzielen. Die gefundene energieoptimale Strategie setzt sich aus einer anfänglichen Rekuperationsphase mit anschließendem Segelbetrieb zusammen. Das Potenzial zur Energieeinsparung hängt von der Relativgeschwindigkeit sowie der Sensorreichweite und dem damit verbundenen Vorausschauhorizont ab. Für ein Annäherungsmanöver mit ECO-ACC konnte eine Energieeinsparung von bis zu 25 %, im Vergleich zu einem simulierten Standard-ACC, erreicht werden. Die Ergebnisse der Optimierung sind auf einem Fahrzeugsteuergerät in Form von Tabellen hinterlegt und so in die Regelstrategie von ECO-ACC eingebunden. [50]

Das Fahrerassistenzsystem Porsche InnoDrive ist, wie das zuvor beschriebene System, eine Erweiterung des bekannten Abstandsregeltempomaten ACC. Die automatisierte Fahrzeuglängsführung wird durch Vorausschauinformationen ergänzt, sodass, insbesondere bei einer Freifahrt ohne vorausfahrendes Fahrzeug, die Betriebs- und Fahrstrategie hinsichtlich des Kraftstoffverbrauchs optimiert werden kann. Das System übernimmt für den Fahrer die Wahl des geeigneten Betriebszustands und setzt die gefundene Fahrstrategie in der automatisierten Fahrzeuglängsführung um. Bei einem konventionell angetriebenen Fahrzeug, wie im Falle des von Porsche eingesetzten Demonstrators, setzt sich die Fahrstrategie aus den Betriebszuständen Beschleunigung, Konstantfahrt, Schubabschaltung und Segeln zusammen. Zusätzlich zu den Umfeldinformationen des Radarsensors werden eine digitale Karte, eine Kamera sowie Fahrzeuginformationen und ein vom Fahrer gewähltes Fahrprofil für die Optimierung der Fahrstrategie verwendet. Der dabei eingesetzte echtzeitfähige Optimierungsalgorithmus basiert auf dynamischer Programmierung nach Bellman und berücksichtigt neben Kraftstoffverbrauch auch Dynamik und Fahrkomfort. Durch die globale Optimierung des gesamten Vorausschauhorizontes wird die kinetische und potenzielle Energie des Fahrzeugs effizient eingesetzt, um lange, verbrauchsgünstige Segelphasen zu ermöglichen. Die Einbindung von Motor- und Getriebekennfeldern ermöglicht darüber hinaus den Betrieb des Verbrennungsmotors in verbrauchsgünstigen Kennfeldbereichen. Bei Messfahrten mit dem Demonstratorfahrzeug auf öffentlichen Straßen im Raum Weissach konnte eine Verbrauchseinsparung von durchschnittlich 10 % erreicht werden. [51,52]

Das System Automatic Cruise Control wurde im Rahmen von Forschungsarbeiten am FKFS entwickelt. Als Demonstratorfahrzeug dient ein Smart Fortwo, der in studentischen Projekten von einem konventionell betriebenen Fahrzeug mit Dieselmotor zu einem batterieelektrischen Fahrzeug umgerüstet wurde. Mithilfe eines Radarsensors, einer digitalen Karte und sämtlicher durch den Eigenumbau bekannter Charakteristika des elektrischen Antriebsstrangs errechnet das System energieeffiziente Geschwindigkeitstrajektorien, die durch eine automatisierte Fahrzeuglängsführung umgesetzt werden. Um den unterschiedlichen Fahrertypen Rechnung zu tragen, können die der Trajektorienberechnung zugrundeliegenden Beschleunigungswerte verändert werden. Das System hält eine Mindestzeitlücke von 2,5 Sekunden zu einem vorausfahrenden Fahrzeug ein. Der Fokus der energetischen Optimierung liegt auf der Freifahrt des Fahrzeugs, bei der die Trajektorien aufgrund der bekannten Streckenparameter und Fahrzeugcharakteristika berechnet werden. Neben dem Energieverbrauch fließen in den mit dynamischer Programmierung nach Bellman umgesetzten Optimie-

2.3 Systeme in Forschung und Vorentwicklung

rungsalgorithmus auch Zeit und Komfort ein. Die Quantifizierung des Energieeinsparpotenzials wurde auf einer Teststrecke mit einem repräsentativen Probandenkollektiv durchgeführt. Die Teststrecke besteht aus innerstädtischen Abschnitten und Landstraßenanteilen mit Höchstgeschwindigkeiten bis 60 km/h. Bei den Testfahrten mit Automatic Cruise Control wurde im Durchschnitt 6 % weniger Traktionsenergie benötigt als bei den manuellen Fahrten. Die Fahrtdauer nahm bei den automatisierten Fahrten um 1 % zu. [53]

Eco-Cruise Control ist ein theoretischer Ansatz, der an der University of Luxembourg entwickelt wurde. Dabei werden Vorausschauinformationen in Verbindung mit Fahrzeugparametern genutzt, um mit einer automatisierten, energieeffizienten Fahrzeuglängsregelung die Reichweite eines batterieelektrischen Fahrzeugs zu verlängern. Die Optimierung basiert auf Streckeninformationen über Geschwindigkeitsbegrenzungen, Steigungen und Gefällen sowie den Fahrwiderständen und den gemessenen Wirkungsgraden im elektrischen Antriebsstrang eines Smart Fortwo Electric Drive. Besonderer Schwerpunkt ist die Optimierung einer Freifahrt ohne Einflüsse und Einschränkungen durch vorausfahrende Fahrzeuge. Die Funktion ist in einer Simulationsumgebung implementiert. Die Auswirkungen von Eco-Cruise Control auf die Reichweite des Elektrofahrzeugs sind nicht quantifiziert. Eine prototypische Darstellung in einem Smart Fortwo Electric Drive ist geplant. [54]

Der am Institut für Kraftfahrzeuge (IKA) der RWTH (Rheinisch-Westfälische Technische Hochschule) Aachen entwickelte Ansatz Eco ACC zeigt das Einsparpotenzial eines Hybridfahrzeugs mit kartenbasierter Vorausschau. Neben einer vorausschauenden Betriebsstrategie des hybriden Antriebsstrangs, wird insbesondere das Ziel einer energieeffizienten, automatisierten Fahrstrategie in ACC-relevanten Fahrsituationen verfolgt. Die Informationen des Abstandssensors werden durch die kartenbasierten Informationen über Geschwindigkeitsbegrenzungen ergänzt und in der modellprädiktiven Regelung zur Berechnung einer energieeffizienten Fahrzeuglängsführung verwendet. Diese beruht auf der algorithmischen Minimierung einer Kostenfunktion. Bei Messfahrten mit einem Hybridfahrzeug auf einer Versuchsstrecke im öffentlichen Straßenverkehr im Raum Aachen wurde eine manuelle Fahrt mit einer Fahrt im ACC-Betrieb verglichen. Es konnte insgesamt eine Kraftstoffeinsparung von 6,3 % erreicht werden. [55]

Ein ebenfalls am IKA der RWTH Aachen entwickeltes System verwendet zur Realisierung einer energieeffizienten Längsregelung Informationen aus einer V2I-Kommunikation (Vehicle-to-Infrastructure). Grundlage für das System bildet eine digitale Karte, die statische Streckenmerkmale enthält. Diese Informationen werden durch die Informationen aus der V2I-Kommunikation ergänzt. Das System kann damit auch Signalanlagen in die Berechnung energieeffizienter Geschwindigkeitstrajektorien einbeziehen. Mithilfe einer Verkehrsflusssimulation wird ein durchschnittliches Fahrerverhalten für die jeweils aktuelle Situation geschätzt. Die auf diesem Wege prädizierte Normalfahrweise wird bei der energetischen Optimierung der Geschwindigkeitstrajektorien, zusätzlich zu den Randbedingungen aus der digitalen Karte, der Umfeldsensorik und der V2I-Kommunikation, berücksichtigt. Das Ziel der Einbeziehung einer prädizierten Normalfahrweise ist die Realisierung von Geschwindigkeitstrajektorien, die nur geringfügig von der durchschnittlichen Fahrweise abweichen, um so eine hohe Akzeptanz der Fahrer für die energieeffiziente Längsführung zu erreichen. Die Informationen der V2I-Kommunikation umfassen die Signalzustände von Ampeln, deren Umschaltzeit sowie die Länge einer eventuellen Warteschlange vor der Ampel. Das System ist prototypisch in einem konventionell angetriebenen Fahrzeug implementiert. Für die Umsetzung der automatisierten Längsführung werden die vorhandenen ACC-Schnittstellen verwendet. Bei realen Versuchsfahrten auf einer Teststrecke im Stadtverkehr wurde ein Kraftstoffeinsparpotenzial von 6 % für die Anfahrt an eine Lichtsignalanlage erreicht. Wird dabei der Stillstand des Fahrzeugs vermieden, kann der Kraftstoffverbrauch für die betrachtete Verkehrssituation um bis zu 15 % reduziert werden. Ein entsprechender Nachweis durch eine Probandenstudie ist in Planung. [56]

In [57] wird das Kraftstoffeinsparpotenzial eines erweiterten ACC-Systems untersucht, das bei der Volkswagen-Konzernforschung in einem konventionell angetriebenen Fahrzeug implementiert ist. Neben einem Radarsensor zur Umfelderfassung werden Daten einer digitalen Straßenkarte verwendet, um einen Vorausschauhorizont zu generieren. Das System kann die Geschwindigkeit des Fahrzeugs automatisch an Gegebenheiten der Strecken, beispielsweise Tempolimits oder Kurven, anpassen. Der Fahrer wird über ein Display über das jeweils relevante Streckenereignis informiert. Im Fokus der Betrachtungen stehen dabei vorausschauende Verzögerungsmanöver als Maßnahme zur Kraftstoffeinsparung. Die Reduzierung des Verbrauchs beruht auf der Verringerung von Bremsvorgängen. Der manöverbasierte Vergleich von Schubbetrieb, Freilaufbetrieb und Konstantfahrt mit anschließender Verzögerung mit dem Reibbremsen weist eine Reduzierung des Kraftstoffverbrauchs für das Verzögerungsmanöver von 86 % aus. Die Länge des untersuchten Manövers ist auf die Länge des Verzögerungsmanövers bei Freilaufbetrieb bezogen. Das System besteht aus einem Modul zur Manöverplanung, das den Geschwindigkeitsverlauf aufgrund der Daten aus dem elektronischen Horizont berechnet und einem Ausrollregler, der die berechnete Trajektorie umsetzt. Auf einer Teststrecke auf öffentlichen Straßen wurden Referenzfahrten

2.4 Vergleichsbasis für die Messungen

durchgeführt, bei denen die Verzögerungsmanöver mit einer konstanten Verzögerung von 1 m/s^2 durchgeführt wurden. Im Vergleich zu den Referenzfahrten wurde mit dem Green-Driving-System ein um 13 % geringerer Kraftstoffverbrauch erzielt, bei gleichzeitigem Anstieg der Fahrtdauer um 3 %. [57]

2.4 Vergleichsbasis für die Messungen

Das FKFS verfügt über eine Flotte an Elektrofahrzeugen, die unter anderem für repräsentative Untersuchungen in Probandenstudien eingesetzt wird. Das Fahrzeug, das in dieser Arbeit als Basis für das Demonstratorfahrzeug verwendet wird, ist Teil dieser Flotte und in Kapitel 2.5.6 beschrieben. Die Ergebnisse, die bei der im Folgenden beschriebenen repräsentativen Probandenstudie entstanden sind, dienen als Vergleichsbasis für die Resultate, die im Rahmen der vorliegenden Arbeit erzielt werden. Das Studienlayout der Probandenstudie wurde aus einer vorangegangenen Studie mit der Elektrofahrzeugflotte übernommen, deren Layout in [22] dargestellt ist.

Um reale, kundenrelevante Randbedingungen während der Messfahrten zu gewährleisten, wurden die Messfahrten auf öffentlichen Straßen und auf einem nach repräsentativen Kriterien zusammengestellten Rundkurs durchgeführt. Dieser spiegelt die statistische Verteilung der Kilometerleistung in Deutschland wider [22]. Abbildung 2 zeigt die prozentuale Verteilung der einzelnen Streckentypen und den Streckenverlauf des 60 km langen Rundkurses im Raum Stuttgart.

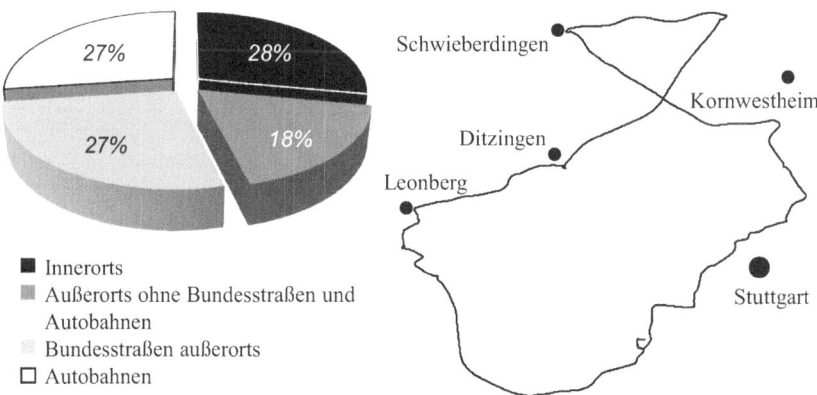

■ Innerorts
▨ Außerorts ohne Bundesstraßen und Autobahnen
▨ Bundesstraßen außerorts
☐ Autobahnen

Abbildung 2: Rundkurs mit repräsentativen Straßentypanteilen nach [22]

Das Fahrerkollektiv für die Messfahrten der Probandenstudie wurde nach statistischen Kriterien zusammengestellt. Die Stichprobengröße wurde in Abhängigkeit der erwarteten Standardabweichung, der Stichprobengröße einer vergleichbaren Studie und des gewünschten Signifikanzniveaus auf 42 Fahrer pro Fahrzeug festgelegt. Die Zusammensetzung des Probandenkollektivs entspricht der statistischen Verteilung der Bevölkerung Deutschlands hinsichtlich der Kriterien Alter, Geschlecht und jährlicher Fahrleistung. [22]

Die bei der Studie eingesetzten Fahrzeuge wurden vor jeder Fahrt in einen definierten Ausgangszustand gebracht. Sie wurden vor den Messfahrten in einer Halle thermisch vorkonditioniert. Die Temperaturen der Antriebsstrangkomponenten und des Innenraums waren daher bei Beginn jeder Messfahrt innerhalb eines geringen Toleranzbereichs. Des Weiteren wurde das Gesamtgewicht, das durch die verschiedenen Probanden und Begleitpersonen schwankt, durch Ballast an ein definiertes Gesamtgewicht angeglichen. Um Einflüsse des Reifendrucks auf den Rollwiderstand zu vermeiden, wurde dieser an definierte Ausgangszustände angepasst. Definierte Zustände galten zudem für Fenster, Verdeck, Abblendlicht und Radio.

2.5 Eingesetzte Werkzeuge und Komponenten

In der vorliegenden Arbeit werden zur Realisierung des Fahrerassistenzsystems zahlreiche Werkzeuge und Komponenten eingesetzt. In den folgenden Unterkapiteln werden die wesentlichen Grundlagen dieser Werkzeuge und Komponenten beschrieben, die für das Verständnis der Arbeit relevant sind.

2.5.1 Rapid Control Prototyping

Rapid Control Prototyping ist eine rechnergestützte Entwicklungsmethode im Bereich der Regelungs- und Steuerungstechnik. Diese unterstützt einen ganzheitlichen Entwurf interdisziplinärer, mechatronischer Systeme. Mit der Interdisziplinarität der Systeme nimmt auch deren Komplexität zu, sodass die Entwicklung komplexer Funktionen oder Systeme geeignete Methoden und Werkzeuge erfordert. Ein Vorteil des Rapid Control Prototyping ist die Verknüpfung von Modellierung, Simulation und Realität. Die charakteristische Vorgehensweise umfasst die Beschreibung der zu implementierenden Funktion, deren Modellierung einschließlich des Entwurfs von Steuerungs- und

2.5 Eingesetzte Werkzeuge und Komponenten

Regelungskomponenten sowie die Erprobung der Funktion auf verschiedenen Plattformen[6]. [58]

MATLAB und die dazugehörige Simulationskomponente Simulink sind in Forschung und Entwicklung an Hochschulen und in der Industrie etablierte Werkzeuge zur Modellierung und Simulation dynamischer Systeme [59]. In Verbindung mit entsprechenden Toolboxen zur Codegenerierung und einem echtzeitfähigen Rapid-Prototyping-Steuergerät steht eine durchgängige Rapid-Prototyping-Toolkette für die Entwicklung und Erprobung von Funktionen zur Verfügung. MATLAB/Simulink ist das zentrale Werkzeug bei der prototypischen Umsetzung des Fahrerassistenzsystems, welches Gegenstand dieser Arbeit ist.

2.5.2 ADAS Framework

Während der prototypischen Entwicklung und Erforschung von Fahrerassistenzfunktionen mit Rapid Control Prototyping werden oftmals verschiedene Plattformen verwendet. Nach der Implementierung der Funktionalitäten in einer Simulationsumgebung werden die prototypischen Fahrerassistenzfunktionen zu Erprobungs- und Validierungszwecken in Fahrsimulatoren und Prototypenfahrzeugen eingesetzt. Um die Kompatibilität der Fahrerassistenzfunktion mit den verschiedenen Plattformen zu gewährleisten und den Portierungsaufwand zu minimieren, wird am FKFS ein einheitliches Framework für Fahrerassistenzsysteme (Advanced Driver Assistance Systems, kurz: ADAS) eingesetzt.

Das ADAS Framework stellt ein Grundgerüst für die Programmierung von Fahrerassistenzfunktionen in MATLAB/Simulink dar. Darin sind eine Vielzahl von Variablen und Schnittstellen definiert, die für die Realisierung von Fahrerassistenzsystemen benötigt werden. Mit definierten Schnittstellen und standardisierten Variablen kann die Verwendung der Funktionssoftware auf verschiedenen Plattformen mit geringem Aufwand realisiert werden. [60]

Das Framework ist modular aufgebaut, sodass die Kompatibilität der Funktionssoftware zu verschiedenen Plattformen und verschiedenen Prototypenfahrzeugen durch Wahl geeigneter Module sichergestellt wird. Das Grundgerüst für eine Funktionssoftware besteht aus drei Modulen:

---

[6] Der Begriff „Plattform" ist im Kontext der elektronischen Datenverarbeitung (EDV) zu verstehen und umfasst hier eine komplette Systemumgebung bestehend aus entsprechender Hardware und Software, beispielsweise ein PC mit entsprechendem Simulationstool oder ein Steuergerät.

- Das „IO Module" enthält spezifische Informationen der verwendeten Hardwareplattform, insbesondere über verfügbare analoge und digitale Ein- und Ausgänge.

- Das Modul „Signal Routing" enthält die fahrzeug- und plattformspezifische Zuordnung der Hardwareschnittstellen zu Signalen und Signalbussen entsprechend den Busdefinitionen.

- Im fahrzeugspezifischen „Function Module" ist die Fahrerassistenzfunktion eingebettet. Die Signale, die in einem Prototypenfahrzeug verfügbar sind, sind über Busdefinitionen zu inhaltlich geordneten Schnittstellen gruppiert.

In Abbildung 3 sind die definierten Schnittstellen zur Fahrerassistenzfunktion abgebildet, wie sie im verwendeten Prototypenfahrzeug verfügbar sind.

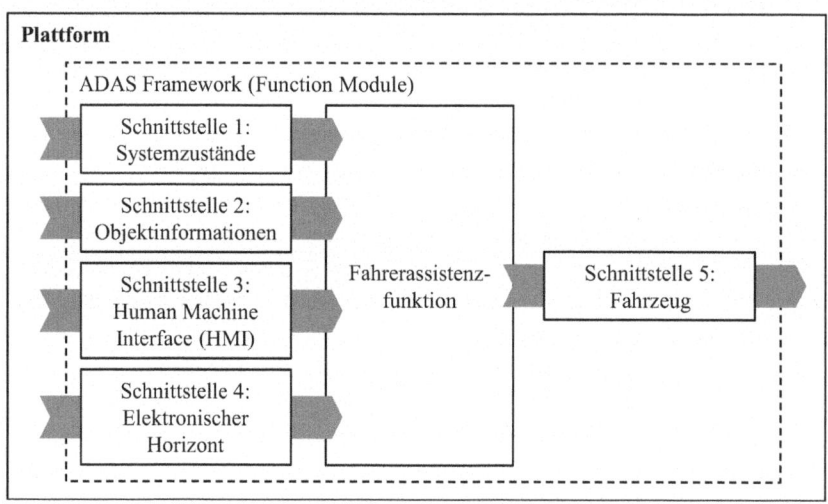

Abbildung 3: Schnittstellen des ADAS Framework zur Fahrerassistenzfunktion

2.5.3 Dynamische Programmierung nach Bellman

Die dynamische Programmierung nach Bellman ist ein bekanntes Verfahren zur Lösung von Optimierungsproblemen. Es beruht auf dem von Richard Bellman formulierten Optimalitätsprinzip. Es besagt, dass eine optimale Lösung aus einer Sequenz optimaler Entscheidungen besteht und die für die Gesamtlösung verbleibenden Entscheidungen, unabhängig vom betrachteten Zwischenzustand und den vorangegangenen Entscheidungen, wieder eine optimale Lösung in Bezug auf den betrachteten

2.5 Eingesetzte Werkzeuge und Komponenten

Zwischenzustand und den Endzustand bilden. Grundsätzlich werden dabei alle möglichen Lösungen eines Problems als Sequenz von möglichen Entscheidungen angesehen. In dieser Arbeit werden ausschließlich deterministische Optimierungsprobleme betrachtet. Das bedeutet, dass die Optimierung für konkrete Fahrmanöver angewendet wird, deren Ergebnis durch einen Ausgangszustand und die Entscheidungen eindeutig definiert ist. Bei der Betrachtung stochastischer Prozesse sind lediglich Verteilungen möglicher Ergebnisse durch die Entscheidungen definiert. [61]

Aufgrund des Optimalitätsprinzips lassen sich die möglichen Lösungen in einzelne Teillösungen unterteilen. Dies ermöglicht eine Diskretisierung des Optimierungsproblems. Um die optimale Lösung für ein Problem zu finden, muss die optimale Teillösung in jedem Diskretisierungsschritt gefunden werden. Bei einer zweidimensionalen Diskretisierung mit den Dimensionen $n \times i$ gilt für die optimale Lösung $\hat{L}_x(z)$ eines deterministischen Optimierungsproblems nach x Optimierungsschritten gemäß [61] folgende Beziehung:

$$\hat{L}_x(z) = \min_y \left(\hat{L}_{x-1} \left(E_y(z) \right) \right), \quad 2 \leq x \leq n, \quad 1 \leq y \leq i \quad (2.1)$$

Darin ist z der Systemzustandsvektor des Ausgangszustands und E_y die Übergangsfunktion zwischen zwei Systemzuständen.

2.5.4 Abstandssensor

Für die Fahrzeuglängsführung ist es grundlegend, den Abstand und die Geschwindigkeit vorausfahrender Fahrzeuge zu erkennen. Ein System zur Automatisierung der Längsführung benötigt daher einen Abstandssensor mit entsprechenden Eigenschaften. In Europa werden dafür häufig Sensoren eingesetzt, die auf dem physikalischen Prinzip des Radar (Radio Detecting and Ranging) basieren [62].

Über eine Antenne werden elektromagnetische Wellen ausgesendet, die an vorausfahrenden Fahrzeugen und anderen Objekten aus elektrisch leitfähigen Materialien reflektiert werden. Der für die prototypische Realisierung des Fahrerassistenzsystems verwendete Radarsensor arbeitet mit Frequenzen von 76 bis 77 GHz. Der Abstand zu Objekten wird mit einer indirekten Laufzeitmessung über den Frequenzvergleich von Sendesignal und Empfangsecho realisiert. Voraussetzung dafür ist eine zeitliche Änderung der Sendefrequenz. Dieses Verfahren ist unter der Bezeichnung FMCW (Frequency Modulated Continuous Wave) bekannt. Durch den Doppler-Effekt erfährt das Echosignal eine Frequenzverschiebung gegenüber dem ausgesendeten Signal. Die

Differenzfrequenz des Echosignals setzt sich somit aus der Differenz durch die Signallaufzeit und der Frequenzverschiebung durch die relative Geschwindigkeit des Fahrzeugs zum reflektierenden Objekt zusammen. Zur eindeutigen Interpretation der Differenzfrequenz sind daher zwei Frequenzrampen mit unterschiedlichen Steigungen erforderlich. [63]

Über eine Auswertungselektronik werden die reflektierten Signale ausgewertet und zu Objekten zusammengefasst [63]. Zur Auswahl des Objekts, das in der jeweiligen Situation für die Längsführung des Fahrzeugs relevant ist, benötigt der Radarsensor Eingangsinformationen zur Kursprädiktion [63]. Diese werden dem Sensor über eine CAN-Schnittstelle (Controller Area Network) zur Verfügung gestellt. Ebenfalls über CAN werden die Objektinformationen ausgegeben, auf Basis derer die Längsführung bei vorausfahrenden Fahrzeugen angepasst wird.

2.5.5 Elektronischer Horizont

Unter einem elektronischen Horizont wird im Kontext automobiltechnischer Anwendungen, im Gegensatz zu dem aus der Luftfahrt bekannten Begriff, eine Erweiterung eines Navigationssystems verstanden. Basierend auf einer digitalen Karte können Fahrerassistenzsystemen Informationen zur Verfügung gestellt werden, die für die aktuelle Fahrzeugposition und einen Vorausschauhorizont mit vorab definierter Länge relevant sind. Die statischen Informationen aus digitalen Karten können durch dynamische Informationen von Umfeldsensoren oder aus einer V2X-Kommunikation (Vehicle-to-X) ergänzt werden. Die Zahl der Anwendungen und Anwendungsgebiete, die sich auf Daten aus einem elektronischen Horizont stützen, ist in den letzten Jahren stetig gestiegen. Heutige Fahrerassistenzsysteme verwenden Streckeninformationen zur Verbesserung von Komfort und Sicherheit sowie zur Effizienzsteigerung, beispielsweise bei Schaltempfehlungen, zur Anzeige gültiger Geschwindigkeitsbegrenzungen oder der Steuerung von Nebenaggregaten. [64,65]

Für Forschungs- und Entwicklungsanwendungen existieren geeignete, windowsbasierte Softwareplattformen, die einen elektronischen Horizont generieren. Diese bieten für prototypische Anwendungen viele Freiheitsgrade und können einen elektronischen Horizont mit gewünschter Länge und ausgewählten Attributen über die vorausliegende Strecke zur Verfügung stellen [66]. In der vorliegenden Arbeit wird für die prototypische Implementierung des Fahrerassistenzsystems eine derartige Softwareplattform eingesetzt, um den elektronischen Horizont zu generieren.

2.5 Eingesetzte Werkzeuge und Komponenten

2.5.6 Basisfahrzeug

Zu Demonstrationszwecken und als Teil des Quantifizierungskonzepts, das in Kapitel 3.7 beschrieben ist, wurde ein Elektrofahrzeug prototypisch mit dem erarbeiteten Fahrerassistenzsystem ausgerüstet. Die Basis für die Umbauten bildet ein batterieelektrisches Fahrzeug vom Typ Roadster des Herstellers Tesla Motors. Die Eckdaten dieses Fahrzeugs sind in Tabelle 1 aufgelistet.

Tabelle 1: Spezifikationen des Tesla Roadster [67,68]

Motortyp	Asynchronmotor
Maximale Leistung	225 kW (302 PS) bei 5.000 - 6.000 min^{-1}
Maximales Drehmoment	370 Nm bei 0 - 5.400 min^{-1}
Batterietyp	Lithium-Ionen-Akkumulator
Nennspannung der Batterie	375 V
Energieinhalt der Batterie	56 kWh
Leergewicht des Fahrzeugs	1335 kg

Abbildung 4 zeigt das für die Umbaumaßnahmen verwendete Basisfahrzeug.

Abbildung 4: Basisfahrzeug für die Umbauten

2.5.7 Messtechnik

Für Quantifizierungskonzepte, die auf empirischen Untersuchungen mit realen Versuchsträgern beruhen, ist eine messtechnische Ausrüstung der Versuchsträger, die die Messung und Erfassung relevanter Größen ermöglicht, grundlegend. Das Konzept zur Quantifizierung des Effekts des Fahrerassistenzsystems auf die Reichweite eines Elektrofahrzeugs, das dieser Arbeit zugrundeliegt und in Kapitel 3.7 beschrieben wird, stützt sich auf die Ergebnisse, die mit einem realen Versuchsträger erzielt wurden. Der Fokus der Untersuchungen liegt dabei auf Größen, die von energetischer Relevanz sind.

Das Demonstratorfahrzeug, das in Kapitel 3.6 vorgestellt wird, ist dazu mit Energiemesstechnik ausgerüstet, die aus Messumformern zur Messung elektrischer Ströme und Spannungen, Messkarten zur Signalwandlung sowie einem System zur Aufzeichnung der Messdaten besteht. Die Bordnetzarchitektur des Fahrzeugs legt dabei die Messstellen fest, die zur Messung energetisch relevanter Größen erforderlich sind. Besondere Bedeutung kommt den Messstellen zu, die zur Bestimmung der Traktionsenergie und des Energiebedarfs der Nebenverbraucher benötigt werden, da diese als zentrale Quantifizierungsgröße und zur Ermittlung des Gesamtenergiebedarfs bei den Vergleichsfahrten verwendet werden.

2.5.8 Statistische Methoden

Der Nachweis der Gültigkeit einer behaupteten Ursache-Wirkungs-Relation oder deren Widerlegung erfordert wissenschaftliche und stichhaltige Belege. Zur Erzeugung dieser Belege eignen sich experimentelle Untersuchungen, die nach statistischen Kriterien durchgeführt werden. Im Vorfeld der Untersuchungen ist daher eine detaillierte Untersuchungsplanung notwendig. Es wird eine Forschungshypothese formuliert, die den Zusammenhang, den Unterschied oder eine Veränderung allgemein ausdrückt. Daraus wird eine operationale Hypothese abgeleitet, die ein konkretes Untersuchungsergebnis voraussagt. Zur statistischen Überprüfung der Hypothesen werden Signifikanztests eingesetzt, für deren Durchführung aus der operationalen Hypothese ein statistisches Hypothesenpaar erstellt wird. Dieses besteht aus einer Alternativhypothese H_1, die den postulierten Zusammenhang, Unterschied oder die Veränderung widerspiegelt, und einer komplementären Nullhypothese H_0, die der Alternativhypothese genau widerspricht. Ergebnis eines Signifikanztests ist die Irrtumswahrscheinlichkeit, die aussagt, wie groß die Wahrscheinlichkeit ist, dass dieses Ergebnis bei Gültigkeit der Nullhypo-

2.5 Eingesetzte Werkzeuge und Komponenten

these zustande kommt und die Nullhypothese irrtümlich zugunsten der Alternativhypothese verworfen wird. Der Grenzwert der dabei noch zulässigen Irrtumswahrscheinlichkeit wird durch das Signifikanzniveau α ausgedrückt. Dieses ist per Konvention auf die Werte $\alpha = 0{,}01$ oder $\alpha = 0{,}05$ festgelegt. Die Auswahl eines geeigneten Signifikanztests erfolgt in Abhängigkeit der formulierten Hypothesen. Ausschlaggebend ist dabei beispielsweise die Art des durch die Hypothesen beschriebenen Effekts sowie die Anzahl der untersuchten Stichproben oder die Anzahl abhängiger und unabhängiger Variablen. Im Kontext dieser Arbeit ist als Signifikanztest der t-Test für unabhängige Stichproben von Bedeutung. Dieser ist auf die Untersuchung eines Unterschieds empirisch ermittelter Mittelwerte zweier Stichproben ausgerichtet, die unabhängig voneinander erzeugt wurden. [69]

Das Ziel der experimentellen Untersuchungen ist es, statistisch abgesicherte Ergebnisse mit möglichst geringem Aufwand zu erzielen. Dazu ist die Wahl einer optimalen Stichprobengröße erforderlich, die der notwendigen Mindestgröße entspricht, die zur statistischen Absicherung des untersuchten Effekts mit einer gewünschten Wahrscheinlichkeit benötigt wird. Die gewünschte Wahrscheinlichkeit lässt sich über die Randbedingungen festlegen, die den Untersuchungsplanungen zugrundeliegen. Eine ausschlaggebende Größe in diesem Zusammenhang ist die Teststärke, die die Wahrscheinlichkeit angibt, mit der der Signifikanztest zu einem signifikanten Ergebnis führt, wenn die Alternativhypothese gültig ist. Neben der Wahl des Signifikanzniveaus und der Teststärke ist zur Bestimmung der optimalen Stichprobengröße zusätzlich die Größe des erwarteten Effekts zu ermitteln sowie die zu prüfende Nullhypothese festzulegen. Die Effektgrößenschätzung $\hat{\delta}$ wird nach [69] für t-Tests für unabhängige Stichproben wie folgt berechnet:

$$\hat{\delta} = \frac{\hat{\mu}_A - \hat{\mu}_B}{\hat{\sigma}} \tag{2.2}$$

Darin sind $\hat{\mu}_A$ und $\hat{\mu}_B$ die Mittelwerte der Stichproben als Schätzwerte für die Mittelwerte der entsprechenden Populationen und $\hat{\sigma}$ die Standardabweichung der Stichproben als Schätzwert für die Standardabweichung der Populationen. Unterscheiden sich die erwarteten Standardabweichungen der Populationen, so wird im Falle homogener Varianzen der Populationen eine zusammengesetzte Standardabweichung zur Berechnung der Effektgröße δ herangezogen. Bei heterogenen Varianzen mit $\sigma_A^2/\sigma_B^2 > 4$ wird die Standardabweichung der Vergleichspopulation verwendet. Als angemessene Teststärke für experimentelle Untersuchungen hat sich der Wert $(1 - \beta) = 0{,}8$ etabliert. Basierend darauf kann die optimale Stichprobengröße in Abhängigkeit der ermittelten Effektgröße $\hat{\delta}$ und dem gewählten Signifikanzniveau α den entsprechenden Tabellen in [69] entnommen werden. [69]

Im Nachgang der experimentellen Untersuchung erfolgt die statistische Auswertung. Ein zentrales Ergebnis des Signifikanztests ist die Wahrscheinlichkeit, mit der dieses Ergebnis bei Gültigkeit der Nullhypothese auftritt. Dazu wird aus den erzielten Ergebnissen ein standardisiertes Maß der erzielten Mittelwertdifferenz berechnet. Der t-Wert ist der standardisierte Stichprobenkennwert und wird nach [70] für die Nullhypothese wie folgt berechnet:

$$t = \frac{\hat{\mu}_A - \hat{\mu}_B}{\sqrt{\frac{\hat{\sigma}_A^2}{n_A} + \frac{\hat{\sigma}_B^2}{n_B}}} \tag{2.3}$$

Darin sind $\hat{\sigma}_A^2$ und $\hat{\sigma}_B^2$ die Varianzen der jeweiligen Stichprobe als Schätzwerte für die Varianzen der Populationen und n_A und n_B die Größe der jeweiligen Stichprobe. Aus dem t-Wert kann mithilfe der freiheitsgradabhängigen t-Verteilung die Auftretenswahrscheinlichkeit des empirisch gefunden Ergebnisses bestimmt werden. Während die Bestimmung der Auftretenswahrscheinlichkeit bei Varianzhomogenität der Populationen aus der t-Verteilung exakt bestimmt werden kann, wird bei heterogenen Varianzen eine Näherungslösung mit einer t-Verteilung mit angepassten Freiheitsgraden verwendet [70,71]. Die Freiheitsgrade df der Verteilung werden im Falle heterogener Varianzen nach [71] wie folgt berechnet:

$$df = \frac{\left(\frac{\sigma_A^2}{n_A} + \frac{\sigma_B^2}{n_B}\right)^2}{\frac{1}{(n_A-1)} \cdot \left(\frac{\sigma_A^2}{n_A}\right)^2 + \frac{1}{(n_B-1)} \cdot \left(\frac{\sigma_B^2}{n_B}\right)^2} \tag{2.4}$$

Darin sind σ_A^2 und σ_B^2 die Varianzen der jeweiligen Stichprobe. Aus der t-Verteilung für die angepassten Freiheitsgrade kann die Auftretenswahrscheinlichkeit des empirisch gefundenen t-Werts bei Gültigkeit der Nullhypothese approximiert werden. [70]

Die Nullhypothese nimmt einen Effekt an, der exakt Null ist. In der Realität tritt dieser Fall jedoch selten auf, weshalb die Prüfung von Minimum-Effekt-Nullhypothesen sinnvoll ist. Diese gehen anstelle eines Effektes, der exakt Null ist, von einem zu vernachlässigenden Effekt aus. Es wird angenommen, dass Varianzaufklärungen von höchstens 1 % zu vernachlässigen sind. Die Minimum-Effekt-Nullhypothese, bei der die Varianzaufklärung nicht größer als 1 % sein darf, wird mit H_{01} abgekürzt. Zur Prüfung der Minimum-Effekt-Nullhypothese H_{01} wird der t-Wert aus dem t-Test in ein

2.5 Eingesetzte Werkzeuge und Komponenten

F-Äquivalent transformiert, dessen Signifikanzprüfung anhand von in Tabellen enthaltenen kritischen F-Werten F_{krit} erfolgen kann. Die F-Verteilungen sind durch Zähler- und Nennerfreiheitsgrade bestimmt. Die Transformation der Teststatistik aus dem t-Test in ein F-Äquivalent erfolgt nach [69] gemäß folgender Gleichung:

$$F = t^2 \tag{2.5}$$

Der Zählerfreiheitsgrad beträgt im Falle des t-Tests $df_z = 1$, der Nennerfreiheitsgrad $df_N = (n_A + n_B) - 2$. Wenn die Minimum-Effekt-Nullhypothese H_{01} aufgrund von $F > F_{krit}$ abgelehnt werden kann, ist der untersuchte Effekt nicht zu vernachlässigen. [69]

3 Das Fahrerassistenzsystem

Gegenstand des Kapitels ist der technische Ansatz, der in dieser Arbeit gewählt wird, um der in Kapitel 1 geschilderten Reichweitenproblematik heutiger Elektrofahrzeuge zu begegnen. Es beschreibt den Ansatz von der methodischen Entwicklung einer möglichen Lösung bis zur prototypischen Implementierung des Fahrerassistenzsystems in einem Demonstratorfahrzeug. Das detaillierte Simulationsmodell stellt dabei ein elementares Werkzeug für die Potenzialanalyse sowie für Test- und Validierungszwecke dar. Das Konzept zur Quantifizierung des Effekts des Fahrerassistenzsystems stellt die Erreichung aussagekräftiger und statistisch signifikanter Ergebnisse sicher.

3.1 Methodische Findung eines Systemkonzepts

Ziel dieser Arbeit ist die Findung, Realisierung und Quantifizierung eines Ansatzes zur Vergrößerung der Reichweite batterieelektrischer Fahrzeuge. Dieses Vorhaben erfordert detaillierte Kenntnisse darüber, wovon die Reichweite eines batterieelektrischen Fahrzeugs abhängt sowie die Identifizierung wirksamer Maßnahmen zur Vergrößerung der Reichweite. Der in Abbildung 5 dargestellte methodische Prozess dient zur Ableitung eines Systemkonzepts, das auf diesen Kenntnissen basiert. Die folgenden Unterkapitel beschreiben die einzelnen Schritte des methodischen Prozesses.

```
              Problemstellung
Schritt 1   Analyse der Einflussgrößen
Schritt 2   Bewertung der Einflussgrößen
Schritt 3   Ableitung einer Maßnahme
Schritt 4   Ableitung von Anforderungen
            an das Systemkonzept
Schritt 5   Entwicklung von Strategien
              Systemkonzept
```

Abbildung 5: Methodischer Prozess zur Konzeptfindung

3.1.1 Analyse der Einflussgrößen auf die Reichweite

Elektrofahrzeuge, die rein batterieelektrisch angetrieben werden, besitzen als einzige Energiequelle für die Fortbewegung die Traktionsbatterie, in der die Energie elektrochemisch gespeichert ist. Aus Gründen der Alterung und der Leistungsfähigkeit der Batterie wird in der Betriebsstrategie von Elektrofahrzeugen der nutzbare Ladezustandshub begrenzt, um die Anforderungen an die Lebensdauer erfüllen zu können und gleichzeitig dem Fahrer ein über den gesamten Ladezustand konstantes Leistungsangebot bereitstellen zu können [23]. Dadurch steht für die Fortbewegung nur ein durch diese Grenzen limitierter Anteil des Energieinhalts der Batterie zur Verfügung. Nur der Vollständigkeit halber sei hier erwähnt, dass die Größe der Batterie beziehungsweise der nutzbare Energieinhalt einen Einfluss auf die Reichweite des Fahrzeugs hat. Ausgehend von einem festen Betrag an nutzbarem Energieinhalt der Batterie steigt die theoretische Reichweite eines Fahrzeugs mit sinkendem Energiebedarf für die Fahraufgaben. Als Fahraufgabe wird hier die Anforderung an Fahrzeug und Fahrer verstanden, die sich aus der Fahrt von Startpunkt A an einen Zielpunkt B ergibt. Abbildung 6 gibt einen Überblick über die im Folgenden näher diskutierten Einflussgrößen auf die Reichweite.

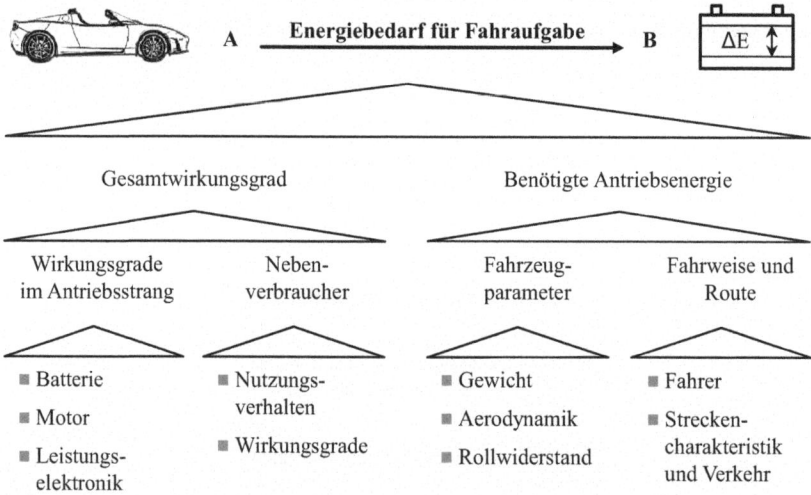

Abbildung 6: Einflussgrößen auf den Energiebedarf für eine Fahraufgabe

3.1 Methodische Findung eines Systemkonzepts

Der Bedarf an elektrochemisch gespeicherter Energie für eine Fahraufgabe ist von der dafür benötigten mechanischen Antriebsenergie und vom Gesamtwirkungsgrad des Fahrzeugs abhängig. Bei der Umwandlung des nutzbaren Anteils elektrochemisch gespeicherter Energie in mechanische Antriebsenergie treten Verluste auf, die vom Betrag der umgewandelten Energie und dem Gesamtwirkungsgrad des Fahrzeugs abhängen. Der Gesamtwirkungsgrad η_{ges} wird hier als Quotient aus abgegebener Antriebsenergie an den Rädern E_{Rad} und der benötigten elektrochemischen Energie aus der Batterie $E_{Bat,chem}$ definiert:

$$\eta_{ges} = \frac{E_{Rad}}{E_{Bat,chem}} \tag{3.1}$$

Das bedeutet, dass der Gesamtwirkungsgrad η_{ges} neben dem elektrischen Antriebsstrang auch von allen elektrischen Nebenverbrauchern beeinflusst wird. Der Wirkungsgrad im elektrischen Antriebsstrang wird im Wesentlichen durch die Komponenten Batterie, Motor und Leistungselektronik beeinflusst.

- Batterie: Der Innenwiderstand und der Entladestrom einer Batterie sind maßgebend für die Verluste, die im Entladeprozess entstehen. Mit steigendem Innenwiderstand sinkt der Wirkungsgrad der Batterie, weshalb grundsätzlich ein geringer Innenwiderstand vorteilhaft ist. Dieser nimmt mit abnehmendem Ladezustand und abnehmender Temperatur zu. Der Entladestrom fließt quadratisch in die Höhe der auftretenden Verlustleistung ein, die zu einer Erwärmung der Zellen führt. Da das Leistungspotenzial und die Alterung der Batterie mit der Temperatur der Zellen zusammenhängen, ist eine effektive Temperierung der Batterie notwendig. Daher nimmt mit steigender Verlustleistung auch der Aufwand für das Wärmemanagement der Batterie zu. [23]

- Motor: Heutige Elektrofahrzeuge sind mit Drehstrommaschinen ausgerüstet [72]. Dabei werden sowohl Synchron- als auch Asynchronmaschinen verwendet. Die Wirkungsgrade, die bei der Umwandlung von elektrischer in mechanische Energie auftreten, sind mit 81 - 92 % bei Synchronmaschinen und 83 – 91 % bei Asynchronmaschinen sehr hoch, insbesondere im Vergleich zu Verbrennungsmotoren [73]. Die Wirkungsgrade der Maschinen sind nicht in allen Betriebspunkten gleich, sondern hängen von Last und Drehzahl ab. Bei sehr geringen Lasten oder sehr geringer Drehzahl sind die Wirkungsgrade geringer [74,75]. Hier sind die prozentualen Verluste, die in der Maschine beispielsweise durch Reibung entstehen, in Relation zur aufgewendeten elektrischen Energie hoch.

Die dabei entstehenden absoluten Verluste sind bei geringen Lasten jedoch moderat. Im repräsentativen Fahrbetrieb befindet sich ein Großteil der auftretenden Betriebspunkte in Bereichen mit gutem Wirkungsgrad. Durch die Eigenschaft der elektrischen Maschinen, sowohl im Stillstand als auch in einem großen Drehzahlbereich Drehmoment abgeben zu können, kann bei Elektrofahrzeugen auf Anfahrkupplungen und mehrstufige Getriebe verzichtet werden [73]. Die Freiheitsgrade zur Beeinflussung des Betriebspunktes des Motors sind daher eingeschränkt.

- Leistungselektronik: Die Verwendung von Drehstrommotoren in Kombination mit einer Traktionsbatterie als Energiespeicher erfordert einen Wechselrichter für die Wandlung des von der Batterie gelieferten Gleichstroms in Drehstrom. Um die durch Rekuperation erzeugte Energie in der Batterie speichern zu können, ist ein Gleichrichter notwendig, der den Drehstrom des Motors in Gleichstrom umwandelt. Die im Begriff Leistungselektronik zusammengefassten Komponenten erreichen Wirkungsgrade über 93 % [73].

Bei batterieelektrisch angetriebenen Fahrzeugen werden alle Nebenverbraucher mit Energie aus der Batterie versorgt [73]. Dadurch verringert sich der Energiebetrag, der für den Antrieb verwendet werden kann. Die Nebenverbraucher haben somit großen Einfluss auf den Gesamtwirkungsgrad η_{ges} und die erzielbare Reichweite des Fahrzeugs. Die Höhe des Energiebetrags, der von den Nebenverbrauchern benötigt wird, hängt vom Nutzungsverhalten und dem Wirkungsgrad der einzelnen Nebenverbraucher ab.

- Nutzungsverhalten: Die Höhe des Energiebedarfs von Nebenverbrauchern hängt von der Dauer und Intensität ihrer Nutzung ab. Während einige Verbraucher eine vergleichsweise konstante elektrische Grundlast darstellen, können bedarfsabhängige, leistungsstarke Komponenten, wie die Klimatisierung, Lenkung, das Bremssystem oder die Beleuchtung, den vom Fahrer und der Witterung abhängigen Energiebedarf der Nebenverbraucher vervielfachen. Insbesondere die Klimatisierung des Fahrzeuginnenraumes ist aufgrund geringer Abwärme des elektrischen Antriebsstrangs ein großer elektrischer Verbraucher. Während eines Aufheizvorgangs kann die benötigte Heizleistung bis zu 6 kW betragen, bei erreichter Wunschtemperatur während einer Fahrt bis zu 4 kW [76].

- Wirkungsgrade der Nebenverbraucher: Je höher der Wirkungsgrad jedes einzelnen Nebenverbrauchers ist, desto geringer ist dessen Energiebedarf bei der Erfüllung seiner jeweiligen Aufgabe. Dadurch wird weniger elektrische Energie aus

3.1 Methodische Findung eines Systemkonzepts

der Batterie benötigt, was der Reichweite zuträglich ist. Bei der Klimatisierung des Innenraums eines Elektrofahrzeugs besitzen Wirkungsgradbetrachtungen einen hohen Stellenwert. Im Gegensatz zum verbrennungsmotorischen Antriebsstrang steht für das Heizen keine überschüssige Abwärme zur Verfügung. Sowohl beim Heizen als auch beim Kühlen sollte möglichst wenig elektrische Energie benötigt werden, um dem Fahrer ein komfortables Innenraumklima zu bieten. In langen Lüftungskanälen tritt mitunter ein Temperaturverlust von bis zu 20 °C auf [77]. Bis die Luft beim Fahrer ankommt, geht weitere Energie verloren [77]. Eine Dezentralisierung der Klimatisierung führt zu kürzeren Luftführungen und ermöglicht darüber hinaus einen bedarfsorientierten Einsatz [77]. Der Einsatz intelligenter, bedarfsgerechter Fahrzeugbeleuchtung und die Verwendung energiesparender Beleuchtungstechnologien verringern ebenfalls den Energiebedarf [75].

Die zweite große Einflussgröße neben dem Gesamtwirkungsgrad η_{ges} ist die für eine Fahraufgabe benötigte mechanische Antriebsenergie. Diese hängt von der Strecke, dem Gesamtfahrwiderstand und der gefahrenen Geschwindigkeit ab. Die theoretisch benötigte Antriebsenergie $E_{Antrieb}$ für eine Fahraufgabe von A nach B ist die benötigte Antriebsleistung, die sich aus dem Produkt des Gesamtfahrwiderstands F_{FW} und der Geschwindigkeit v ergibt, integriert über die Zeit:

$$E_{Antrieb} = \int_{t(A)}^{t(B)} (F_{FW} \cdot v) \cdot dt \qquad (3.2)$$

Daraus folgt, dass die theoretisch benötigte Antriebsenergie $E_{Antrieb}$ von der individuellen Fahrweise des Fahrers und den Streckenmerkmalen der gewählten Route von Startpunkt A nach Zielpunkt B abhängt sowie von Fahrzeugparametern, die den Gesamtfahrwiderstand F_{FW} beeinflussen.

- Gewicht: Leichtbau ist ein gängiger und wirkungsvoller Ansatz zur Reduzierung des Energiebedarfs sowie zur Verbesserung der Fahrdynamik und ist für Elektrofahrzeuge von hoher Bedeutung [78]. Das Fahrzeuggewicht fließt bei der Berechnung der einzelnen Fahrwiderstände in den Roll-, Steigungs- und Beschleunigungswiderstand ein. Eine Reduzierung des Gewichts führt folglich zu einer Reduzierung der benötigten Antriebsleistung und wirkt sich positiv auf die theoretisch erzielbare Reichweite aus. In [78] wurden Elektrofahrzeuge mit Gesamtmassen zwischen 500 und 1700 kg simuliert. Die Ergebnisse zeigen im Neuen

Europäischen Fahrzyklus (NEFZ) nahezu eine Verdopplung des Energiebedarfs pro 100 km zwischen beiden Extremwerten der simulierten Fahrzeugmassen. In Testzyklen zur Ermittlung des Energieverbrauchs sind große Beschleunigungsanteile enthalten [79]. Durch Rekuperation können bei Elektrofahrzeugen signifikante Anteile der Beschleunigungsenergie zurückgewonnen werden, weshalb eine Gewichtsreduktion für die Testzyklen im Vergleich zu verbrennungsmotorischen Antriebssträngen an Bedeutung einbüßt [79]. Einen wesentlichen Beitrag zum Gesamtgewicht des Fahrzeugs liefert, aufgrund der in Kapitel 1.1.1 beschriebenen technischen Eigenschaften, die Traktionsbatterie. Eine Reduzierung der Batteriegröße und damit des Gewichts der Batterie steht in direkter Konkurrenz zur erzielbaren Reichweite. Die Wirkung einer Gewichtsreduktion auf den Energiebedarf eines Fahrzeugs ist zudem vom Fahrzeugtyp abhängig [79].

- Aerodynamik: Der während der Fahrt auftretende Luftwiderstand wird durch die aerodynamischen Eigenschaften eines Fahrzeugs, bestehend aus Stirnfläche und Luftwiderstandsbeiwert sowie der gefahrenen Geschwindigkeit und der Luftdichte, bestimmt. Der Energiebedarf des Fahrzeugs wird in erheblichem Maße durch den Luftwiderstand beeinflusst. Die im Kontext des Fahrzeuggewichts diskutierte Abnahme des Einflusses der Masse auf den Energiebedarf von Elektrofahrzeugen im NEFZ bedeutet auch, dass dem Luftwiderstand ein höherer prozentualer Anteil des im NEFZ ermittelten Bedarfs an Antriebsenergie zuzurechnen ist [80]. Der Luftwiderstand bestimmt unter anderem maßgeblich die Höhe der Energie, die theoretisch durch Rekuperation zurückgewonnen werden kann. Bei höheren Geschwindigkeiten wird der Gesamtfahrwiderstand fast ausschließlich durch den Luftwiderstand bestimmt [75]. Ein verringerter Luftwiderstand kann daher einen wesentlichen Beitrag zur Vergrößerung der Reichweite eines Elektrofahrzeugs leisten [80].

- Rollwiderstand: Neben dem bereits erwähnten Zusammenhang des Rollwiderstands und der Fahrzeugmasse fließt in die Berechnung des Rollwiderstands auch der Rollwiderstandsbeiwert ein. Dieser repräsentiert die Walkverlustarbeit zwischen Reifen und Fahrbahn und nimmt mit steigender Fahrzeuggeschwindigkeit, steigender Walkamplitude und steigendem Schräglaufwinkel zu [75]. Je nach Fahrzeugkonzept kann der durch den Rollwiderstand verursachte Energiebedarf im NEFZ zwischen 20 und 37 % betragen [80]. Ein verringerter Rollwiderstand kann daher einen Beitrag zur Vergrößerung der Reichweite leisten.

3.1 Methodische Findung eines Systemkonzepts

Die individuelle Fahrweise des Fahrers und die Streckenmerkmale der gewählten Route sind wesentliche Einflussgrößen zur Berechnung der theoretisch benötigten Antriebsenergie $E_{Antrieb}$ und des Gesamtwirkungsgrads η_{ges} und beeinflussen die Reichweite eines Elektrofahrzeugs fundamental. Im Folgenden werden die Zusammenhänge zwischen diesen Einflussgrößen und der Reichweite erläutert.

- Fahrer: Der Fahrer hat, innerhalb der Grenzen der Streckencharakteristika, mit seiner Fahrweise durch Wahl von Geschwindigkeit und Antriebsmoment einen großen Einfluss auf den Energieverbrauch eines Fahrzeugs. Dies begründet beispielsweise den positiven Effekt von Schulungsmaßnahmen für Fahrer auf den Kraftstoffverbrauch eines Fahrzeugs, der aber oft nicht von langer Dauer ist [81,82]. Für ein konventionell angetriebenes Fahrzeug wird in [32] eine Spannweite der relativen Verbrauchsschwankungen von 33 % ermittelt. Ähnliche Werte ergeben sich bei der Untersuchung des Energieverbrauchs von Elektrofahrzeugen in [22]. Entsprechend groß sind auch die Auswirkungen auf die Reichweite bei Elektrofahrzeugen. Die Fahrweise wirkt sich auf eine Vielzahl der bereits diskutierten Einflussgrößen aus und lenkt den Gesamtwirkungsgrad η_{ges} und die theoretisch benötigte Antriebsenergie $E_{Antrieb}$. Der Fahrer bestimmt den Betriebspunkt des Elektromotors und beeinflusst folglich den Wirkungsgrad. Das angeforderte Antriebsdrehmoment bestimmt den von der Batterie zu liefernden elektrischen Strom. Die Höhe der auftretenden Verlustleistungen in Batterie und Motor sind von der Höhe des elektrischen Stroms abhängig. Die Fahrweise wirkt sich auch auf den Gesamtfahrwiderstand F_{FW} aus. Die Fahrzeuggeschwindigkeit beeinflusst den Luft- und Rollwiderstand und fließt auch in die Berechnung der theoretisch benötigten Antriebsenergie $E_{Antrieb}$ ein.

- Streckencharakteristik und Verkehr: Der Energiebedarf für eine Fahraufgabe hängt auch von der gewählten Route von einem Startpunkt A zu einem Zielpunkt B ab. Dabei spielen sowohl statische Streckenmerkmale, wie die Topografie, Tempolimits oder Kreuzungen, als auch dynamische Einflüsse durch den Verkehr eine Rolle. Ähnlich wie die Fahrweise wirken sich beide Einflüsse auf den Gesamtwirkungsgrad η_{ges} und die theoretisch benötigte Antriebsenergie $E_{Antrieb}$ aus. Eine Untersuchung verschiedener Routenalternativen vor Fahrtbeginn, bei der der fahrzeugspezifische Energiebedarf unter Berücksichtigung von Streckenmerkmalen und Verkehrsfluss prädiktiv abgeschätzt wird, ermöglicht die Wahl einer energiesparenden Route.

3.1.2 Bewertung der Einflussgrößen auf die Reichweite

Zur Identifizierung möglicher Maßnahmen zur Vergrößerung der Reichweite von Elektrofahrzeugen bedarf es neben der Analyse auch einer Bewertung der Einflussgrößen. Im Folgenden werden diese im Kontext aktueller technischer Möglichkeiten in Relation zueinander gesetzt und nach der Höhe des Einflusses auf die Reichweite, dem geschätzten Verbesserungspotenzial und einer Abschätzung der Kosten bei Verbesserung der jeweiligen Einflussgröße bewertet.

Die Traktionsbatterie hat als einziger Energiespeicher batterieelektrischer Fahrzeuge den größten Einfluss auf die erzielbare Reichweite. Aufgrund der in Kapitel 1.1.1 genannten technischen Eigenschaften heutiger Batterien wird eine Verwendung von Batterien mit höherer Kapazität als mögliche Maßnahme zur Vergrößerung der Reichweite nicht in Betracht gezogen. Das hier betrachtete Verbesserungspotenzial bezieht sich auf Wirkungsgradbetrachtungen sowie die Begrenzung des nutzbaren Energieinhalts durch spezifische Eigenschaften der Batterie. Die hohen Anforderungen an eine Batterie für die Verwendung im Automobil erfüllt aktuell nur die Lithium-Ionen-Technologie [23]. Ein eventueller Technologiewechsel mit signifikanter Verbesserung der Batterieeigenschaften ist derzeit nicht absehbar. Das Verbesserungspotenzial der Komponente Batterie zur Vergrößerung der Reichweite ist daher eingeschränkt. Trotz laufend sinkender Kosten für Lithium-Ionen-Batterien sind Traktionsbatterien nach wie vor für einen beträchtlichen Anteil an den Gesamtkosten eines Elektrofahrzeugs verantwortlich [73].

Der Elektromotor und die für den Betrieb erforderliche Leistungselektronik haben als zentrale Elemente des elektrischen Antriebsstrangs großen Einfluss auf die Reichweite. Die Wirkungsgrade der in Elektrofahrzeugen verwendeten Drehstrommaschinen und der entsprechenden Leistungselektronik sind, wie in Kapitel 3.1.1 beschrieben, sehr hoch. Daher kann von einem moderaten Verbesserungspotenzial ausgegangen werden. Die Leistungselektronik, die für den Betrieb von Drehstrommotoren benötigt wird, ist aufwändiger und teurer als die, die für den Betrieb eines Gleichstrommotors notwendig wäre [73]. Der Preis für den Motor samt zugehöriger Leistungselektronik hängt von der Leistungsfähigkeit und der Bauart des Motors ab [73]. Eine Asynchronmaschine ist günstiger als eine vergleichbare Synchronmaschine, dennoch ist die Kombination aus Elektromotor und Leistungselektronik heute noch deutlich teurer als konventionelle PKW-Motoren [73].

Der Einfluss der elektrischen Nebenverbraucher hängt stark von deren Nutzung ab. Sie können die erzielbare Reichweite des Elektrofahrzeugs erheblich beeinflussen.

3.1 Methodische Findung eines Systemkonzepts

Insbesondere die Klimatisierung des Fahrzeuginnenraums spielt als größter Nebenverbraucher eine entscheidende Rolle. Die aus dem berechneten Energieverbrauch im NEFZ extrapolierte theoretische Reichweite eines Elektrofahrzeugs beträgt bei einer Außentemperatur von -20°C nur noch 50 % der theoretischen Reichweite, die das Fahrzeug bei +20°C erzielen könnte [83]. Bei thermisch vorkonditionierten Fahrzeugen betrug der Anteil der Nebenverbraucher in einer repräsentativen Probandenstudie mit verschiedenen batterieelektrischen Fahrzeugen in [22] zwischen 7 und 18 % des Gesamtenergieverbrauchs. Insgesamt wird das Verbesserungspotenzial bei einer Fahrzeugnutzung in Deutschland als moderat eingestuft. Signifikante Verbesserungen bei der Klimatisierung des Innenraums erfordern aufwändige Gesamtkonzepte für das Thermomanagement eines Elektrofahrzeugs [84].

Leichtbau ist ein effektiver Weg, um die Energieeffizienz eines Fahrzeugs zu steigern [79]. Der Einfluss des Gewichts auf den Gesamtfahrwiderstand resultiert in einer nennenswerten Vergrößerung der theoretisch erzielbaren Reichweite. Das erreichbare Verbesserungspotenzial ist beträchtlich, wird jedoch von finanziellen Aspekten begrenzt, da Leichtbaumaßnahmen meist mit einem erheblichen Kostenaufwand verbunden sind [79].

Im Vergleich dazu lassen sich Maßnahmen zur Verbesserung der Aerodynamik eines Fahrzeugs deutlich günstiger realisieren [80]. Der Einfluss der Aerodynamik auf die Reichweite steigt mit höheren Geschwindigkeiten und ist in einem repräsentativen Fahrtenmix als wesentlich einzustufen. Das theoretisch erreichbare Verbesserungspotenzial ist allerdings aufgrund von Sicherheitsvorschriften, Kunden- und Designvorstellungen eingeschränkt.

Auf befestigten Fahrbahnen wird der Rollwiderstand von den Eigenschaften des Reifens dominiert [75]. Er steht bei der Reifenentwicklung in Konkurrenz zu anderen Optimierungszielen, wodurch das Verbesserungspotenzial des Rollwiderstandes begrenzt ist [75]. Der Spielraum bei der Findung des bestmöglichen Kompromisses der geforderten Reifeneigenschaften wird entscheidend vom Fahrzeugkonzept bestimmt.

Aus [32] und [22] wird der Einfluss des Fahrers auf den Energieverbrauch eines Fahrzeugs ersichtlich. Entsprechend hoch sind auch die Auswirkungen auf die theoretisch erzielbare Reichweite. Um den Energieverbrauch zu senken, muss die Fahrweise derart beeinflusst werden, dass die Elemente des Fahrstils, die sich negativ auf den Energiebedarf auswirken, minimiert oder vermieden werden. Maßnahmen zur Umsetzung einer energieeffizienten Fahrweise bieten daher großes Potenzial zur Vergrößerung der Reichweite. Häufig sind dafür benötigte Komponenten bereits in Fahrzeugen vorhanden, sodass diese verwendet werden können und eine Umsetzung der Maßnahmen zur Beeinflussung der Fahrweise kosteneffizient gestaltet werden kann.

Die Route hat durch ihre statischen Streckenmerkmale und die dynamischen Einflüssen durch den Verkehr maßgeblichen Einfluss auf die Reichweite. Das Potenzial hängt aber davon ab, ob es zwischen Startpunkt A und Zielpunkt B alternative Routen gibt und sich eine energetisch günstigere Route bestimmen lässt. Dabei spielen Höhendaten eine wesentliche Rolle [85]. Das Gesamtpotenzial wird als gering eingeschätzt. Die Umsetzung derartiger Maßnahmen ist kostengünstig realisierbar.

Die Ergebnisse der Bewertung der einzelnen Einflussgrößen auf die Reichweite sind in Tabelle 2 zusammengefasst.

Tabelle 2: Bewertung verschiedener Einflussgrößen auf die Reichweite

Einflussgröße	Einfluss auf Reichweite	Verbesserungspotenzial	Kosten
Batterie	+++	+	€€€
Motor und Leistungselektronik	+++	+	€€
Nebenverbraucher	++	+	€€
Gewicht	++	++	€€€
Aerodynamik	++	+	€€
Rollwiderstand	++	+	€€
Fahrer	+++	+++	€€
Route und Verkehr	++	+	€

3.1.3 Ableitung einer Maßnahme zur Vergrößerung der Reichweite

Ziel aller Optimierungsmaßnahmen im Sinne der Reichweite ist es, mit begrenzter Energie möglichst weit zu fahren. Aus technischer Sicht ist daher die Optimierung aller Einflussgrößen am zielführendsten. Vor dem Hintergrund, dass Elektrofahrzeuge, insbesondere durch die hohen Batteriekosten [75], heute noch deutlich teurer sind als vergleichbare konventionell angetriebene Fahrzeuge, muss das Kosten-Nutzen-Verhältnis einer Maßnahme noch stärker berücksichtigt werden.

Die Fahrweise eines Fahrers hat sich bei der Analyse und Bewertung der Einflussgrößen auf die Reichweite als wirkungsvoller Stellhebel herauskristallisiert. Die Reichweite lässt sich über die Fahrweise signifikant beeinflussen und auch das in

3.1 Methodische Findung eines Systemkonzepts

Summe zu erwartende Verbesserungspotenzial der Fahrweise durch geeignete Maßnahmen ist hoch. Die Fahrweise wirkt sich, wie in Kapitel 3.1.1 beschrieben, auf mehrere Einflussgrößen aus und beeinflusst so den Gesamtwirkungsgrad η_{ges} und die theoretisch benötigte Antriebsenergie $E_{Antrieb}$. In [22] wird der Anteil der im elektrischen Antriebsstrang verwendeten Energie am Gesamtenergieverbrauch auf 82 bis 93 % beziffert. Die Werte basieren auf Messdaten einer repräsentativen Probandenstudie mit verschiedenen thermisch vorkonditionierten Elektrofahrzeugen. Eine Optimierung der im Antriebsstrang verwendeten Energie bietet daher einen guten Stellhebel zur Optimierung des Gesamtenergieverbrauchs und der erzielbaren Reichweite.

Der Grund für eine ineffiziente Fahrweise liegt an einer begrenzten Vorausschau, dem Fehlen von Systeminformationen über das Gesamtsystem Fahrzeug und individuell motivierter Ablenkung [32]. Eine effektive Beeinflussung der Fahrweise kann über ein Fahrerassistenzsystem erfolgen, das den Fahrer bei einer energieeffizienten Fahrweise unterstützt. Die Unterstützung kann in Form von Fahrempfehlungen für den Fahrer während der Fahrt oder durch die vollständige Übernahme der Fahrzeuglängsführung durch das Fahrerassistenzsystem umgesetzt werden. Die Automatisierung der Längsführung verspricht eine optimale Verwendung aller verfügbaren, energetisch relevanten Informationen zur Realisierung einer energieeffizienten Fahrweise.

Die in Kapitel 3.1 erarbeiteten Ergebnisse lassen den Schluss zu, dass ein Fahrerassistenzsystem mit automatisierter Fahrzeuglängsführung eine wirkungsvolle Maßnahme zur Vergrößerung der Reichweite von batterieelektrischen Fahrzeugen ist und sich mit einem interessanten Kosten-Nutzen-Verhältnis umsetzen lässt. Diese Aussage bildet die Grundlage dieser Arbeit.

3.1.4 Ableitung der Anforderungen an das Systemkonzept

Die gefundene Maßnahme zur Vergrößerung der Reichweite und das Ziel einer prototypischen Realisierung in einem Elektrofahrzeug bilden die Grundlage bei der Formulierung der Anforderungen an das Systemkonzept. Für ein Fahrerassistenzsystem zur Verbesserung der Energieeffizienz werden in [86] generelle Anforderungen beschrieben, wovon folgende auch für das hier angestrebte Systemkonzept Gültigkeit besitzen:

- Informationsvorsprung des Systems gegenüber dem Fahrer
- Bereitstellung geeigneter Fahrzeugschnittstellen
- Gewährleistung hoher Akzeptanz, Transparenz und Sicherheit
- Sicherstellung eines guten Kosten-Nutzen-Verhältnisses

Die Automatisierung der Fahrzeuglängsführung mit dem Ziel einer hohen Energieeffizienz erfordert die prädiktive Berechnung von Geschwindigkeitstrajektorien und deren energetische Optimierung. Dazu ist die Einbindung energetisch relevanter Informationen über Fahrzeug, Komponenten des elektrischen Antriebsstrangs, vorausliegende Streckenmerkmale und vorausfahrende Fahrzeuge notwendig. Gleichzeitig ist eine echtzeitfähige Implementierung der Softwarekomponenten für die prototypische Umsetzung des Fahrerassistenzsystems unabdingbar.

Bei der Gestaltung der automatisierten Längsführung muss neben der Energieeffizienz auch die Akzeptanz des Fahrers im Mittelpunkt stehen, da die Wirksamkeit des Systems davon wesentlich beeinflusst wird [87,86]. Maximale Transparenz und eine für den Fahrer nachvollziehbare, komfortable und sichere Längsregelung sind daher zielführend. Die Eingriffe in die Längsdynamik zur Umsetzung der berechneten Geschwindigkeitstrajektorien erfordern geeignete Schnittstellen zwischen Software und Antriebsstrang. Im Sinne eines guten Kosten-Nutzen-Verhältnisses ist die Verwendung vorhandener oder gängiger Strukturen und Komponenten sinnvoll. Aufgrund der Systemverwandtschaft zu ACC ergeben sich aus der Norm ISO 15622 [88] Anforderungen an Funktionalität, Sicherheit und Mensch-Maschine-Schnittstellen.

3.1.5 Strategien für eine energieeffiziente Fahrzeuglängsführung

Ziel der automatisierten Fahrzeuglängsführung ist die Minimierung der benötigten Antriebsenergie $E_{Antrieb}$ und die Erzeugung dieser Antriebsenergie mit möglichst günstigem Gesamtwirkungsgrad η_{ges}. Dabei müssen die in Kapitel 3.1.4 genannten Anforderungen, insbesondere an Akzeptanz, Transparenz und Sicherheit, berücksichtigt werden. Die Steigerung der Energieeffizienz im Vergleich zur manuellen Längsführung basiert auf der Minimierung oder Vermeidung energetisch ungünstiger Elemente einer manuellen Fahrweise. Im Folgenden werden die Strategien für eine energieeffiziente automatisierte Fahrzeuglängsführung beschrieben.

Die Vermeidung unnötiger Beschleunigungsvorgänge durch Harmonisierung der Fahrweise wirkt sich positiv auf den Energieverbrauch aus [34,86]. Im einfachsten Fall wird dazu bei freier Fahrt mit konstanten Randbedingungen die Fahrzeuggeschwindigkeit konstant gehalten. Bei verkehrsbedingten Geschwindigkeitsschwankungen während einer Folgefahrt ist der Handlungsspielraum eingeschränkt. Dennoch lässt sich durch Dämpfung des Geschwindigkeitsprofils des vorausfahrenden Fahrzeugs die Dynamik des eigenen Geschwindigkeitsverlaufs reduzieren. Im Idealfall kann eine kurzfristige Verzögerung und der anschließende Beschleunigungsvorgang vermieden

3.1 Methodische Findung eines Systemkonzepts

werden. Im Stop-and-Go-Verkehr kann in vielen Fällen der eigene Stillstand vermieden werden, auch wenn der vorausfahrende Verkehr stoppt. Die Dämpfung des Geschwindigkeitsprofils des vorausfahrenden Fahrzeugs erfordert eine situationsabhängige, dynamische Anpassung des Abstands.

Ein weiterer Schlüssel für die Reduzierung des Energieverbrauchs eines Fahrzeugs ist die optimale Ausnutzung der kinetischen und potenziellen Energie [86]. Die Streckeninformationen werden für die vorausschauende Gestaltung von Geschwindigkeitsübergängen genutzt. Eine vorausschauende Fahrweise ermöglicht eine Reduzierung der Verluste durch den Gesamtfahrwiderstand und eine Maximierung der Energie, die in die Batterie zurückgespeist werden kann. Die Untersuchung der Fahrereinflüsse auf den Energieverbrauch eines konventionell angetriebenen Fahrzeugs in [32] zeigt, dass 37 % der am Rad abgegebenen Antriebsenergie in den Reibbremsen dissipiert wird. Um die Bremsverluste zu reduzieren, müssen bei Elektrofahrzeugen die Verzögerungen bei Geschwindigkeitsübergängen derart gestaltet werden, dass sie ausschließlich durch Fahrwiderstände und Rekuperation dargestellt werden können. Je nach verfügbarer Rekuperationsleistung kann die Verwendung der Reibbremsen auf Ausnahmesituationen beschränkt werden. Ein signifikanter Anteil der Bremsenergie kann dadurch rekuperiert werden.

Zur Reduzierung der im Antriebsstrang auftretenden Verluste müssen bei der Planung der Geschwindigkeitstrajektorien, neben energetisch relevanten Informationen über Fahrzeug, Strecke und Verkehr, auch Wirkungsgradkennfelder der Komponenten des elektrischen Antriebsstrangs berücksichtigt werden. Innerhalb eines durch Akzeptanz, Sicherheit und Transparenz vorgegebenen Rahmens können bei der Optimierung der Geschwindigkeitstrajektorien die Verluste im Antriebsstrang minimiert werden. Dies führt in der Gesamtbetrachtung von Batterie, Motor und Leistungselektronik aufgrund der in Kapitel 3.1.1 beschriebenen Eigenschaften zu moderaten Beschleunigungen. Ein Überblick über die erarbeiteten Strategien für eine energieeffiziente Fahrzeuglängsführung ist in Abbildung 7 dargestellt.

Abbildung 7: Strategien für eine energieeffiziente Fahrzeuglängsführung

3.1.6 Erstellung des Systemkonzepts

Das Systemkonzept wird aus den Ergebnissen der vorangegangenen Schritte der Kapitel 3.1.1 bis 3.1.5 abgeleitet. Das Ziel des Fahrerassistenzsystems ist die Vergrößerung der Reichweite eines Elektrofahrzeugs und die Unterstützung des Fahrers bei einer energieeffizienten Fahrweise durch eine automatisierte, energieeffiziente Fahrzeuglängsführung. Einen Überblick über das Systemkonzept für das Fahrerassistenzsystem gibt Abbildung 8.

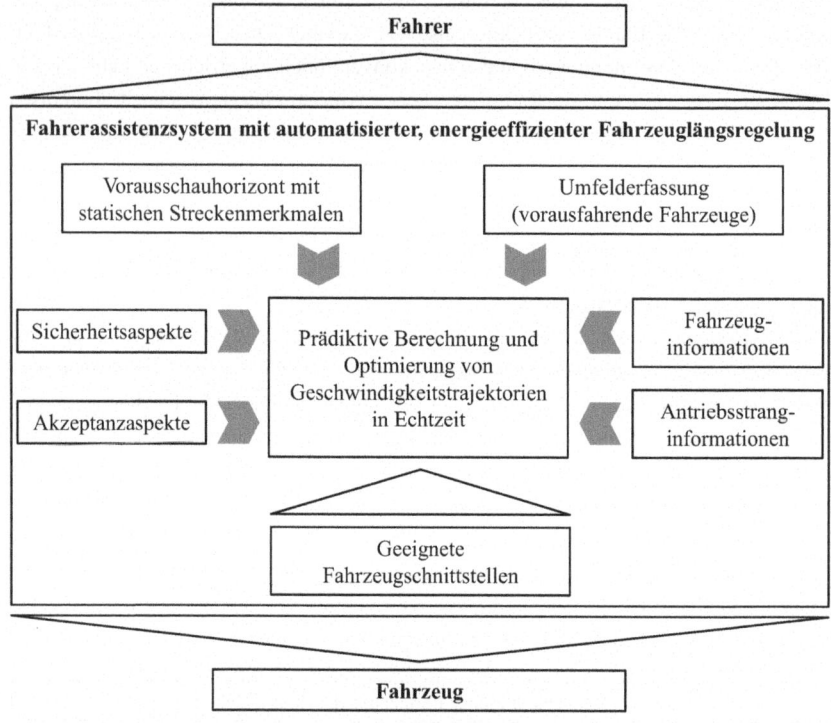

Abbildung 8: Systemkonzept für das Fahrerassistenzsystem

Zentrales Element des Systemkonzepts ist die prädiktive Berechnung und energetische Optimierung von Geschwindigkeitstrajektorien in Echtzeit. Die darin implementierten Strategien erfordern einen ausreichenden Vorausschauhorizont mit statischen Streckenmerkmalen, eine Umfelderfassung zur Berücksichtigung vorausfahrender

Fahrzeuge sowie energetisch relevante Fahrzeug- und Antriebsstranginformationen. Die Trajektorienberechnung wird darüber hinaus durch Aspekte der Fahrerakzeptanz und Sicherheit beschränkt. Über geeignete Schnittstellen zur Regelung der Fahrzeuggeschwindigkeit wird der energetisch optimierte Geschwindigkeitsverlauf als Sollgröße für die automatisierte Fahrzeuglängsführung verwendet.

3.2 Simulationsmodell

Auf dem Weg vom Systemkonzept zur prototypischen Funktionssoftware des Fahrerassistenzsystems stellt das Simulationsmodell ein elementares Werkzeug dar. In einem ersten Schritt wird das Simulationsmodell zur Prüfung der Erfolgsaussichten des Systemkonzepts und zur Abschätzung der zu erwartenden Auswirkungen verschiedener Strategien auf die Reichweite für eine Potenzialanalyse verwendet. Bei der Entwicklung der geforderten Funktionalitäten des Fahrerassistenzsystems dient es zu Test- und Validierungszwecken. Für die Findung optimaler Lösungen können mit Parametervariationen im Simulationsmodell die Einflüsse von Parametern untersucht und bestmögliche Parametersätze erstellt werden. Der Aufbau des Simulationsmodells ist in Abbildung 9 dargestellt.

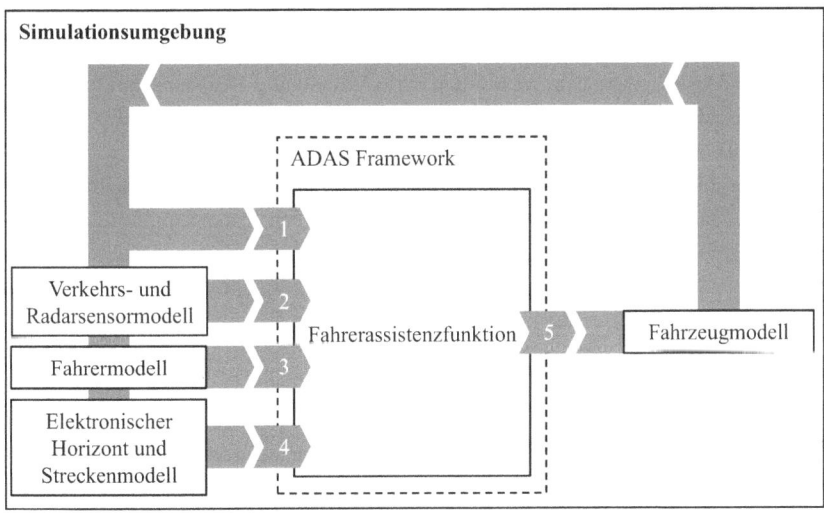

Abbildung 9: Aufbau des Simulationsmodells

Neben den auf dem Systemkonzept basierenden Funktionskomponenten des Fahrerassistenzsystems werden in der Simulation auch das Fahrzeug, der Fahrer, der Verkehr und dessen Erfassung sowie die Strecke und der elektronische Horizont mit entsprechenden Modellen abgebildet. Die Ausprägung und die Komplexität werden dabei an die Anforderungen der hier untersuchten Fahrerassistenzfunktion angepasst. Zur Verknüpfung der Komponenten zu einem Simulationsmodell sind diese in eine Simulationsumgebung in MATLAB/Simulink integriert. Die Fahrerassistenzfunktion ist zusätzlich in das in Kapitel 2.5.2 beschriebene Framework eingebettet, um die Kompatibilität der Funktionssoftware zur Infrastruktur des Demonstratorfahrzeugs zu gewährleisten. Die folgenden Unterkapitel beschreiben die Modellierung der wichtigsten Komponenten des Simulationsmodells, die zur simulativen Untersuchung der Fahrerassistenzfunktion benötigt werden.

3.2.1 Fahrzeugmodell

Das Fahrzeugmodell nimmt bei der Modellierung der erforderlichen Simulationskomponenten eine zentrale Rolle ein. Neben der Verwendung in der Simulationsumgebung zur simulativen Untersuchung und Entwicklung der Fahrerassistenzfunktion bildet das Fahrzeugmodell gleichzeitig die Basis für die modellprädiktive Fahrzeuglängsregelung. Die Berechnungen der fahrzeugspezifischen, energieeffizienten Längsregelung in der Funktionssoftware beruhen auf den darin hinterlegten Gleichungen, Parametern und Kennfeldern. Ein detailliertes Fahrzcugmodell mit einer hinreichend genauen Abbildungsgüte des realen Fahrzeugs samt Antriebsstrang ist daher grundlegend für den Erfolg der Maßnahme zur Vergrößerung der Reichweite des Demonstratorfahrzeugs. Da insbesondere die Wirkungsgrade der einzelnen Komponenten des elektrischen Antriebsstrangs des Demonstratorfahrzeugs unbekannt sind, wird der Antriebsstrang, mit Ausnahme der Batterie, als Ganzes betrachtet. Das dazugehörige Wirkungsgradfeld wird basierend auf Messdaten rechnerisch ermittelt. Eine aufwändige Komponentenvermessung kann dadurch vermieden werden. Im Folgenden werden die verschiedenen Bestandteile des Fahrzeugmodells und deren Modellierung beschrieben.

Der Fokus des Simulationsmodells liegt aufgrund des damit untersuchten Fahrerassistenzsystems auf der Längsdynamik. Die Querdynamik ist daher nur elementar modelliert. Die längsdynamischen Grundlagen der Fahrzeugphysik werden durch die, beispielsweise aus [75], bekannten Fahrwiderstandsgleichungen eines Kraftfahrzeugs abgebildet. Sie bilden die Basis für energetische Betrachtungen und die prädiktive

3.2 Simulationsmodell

Planung von Geschwindigkeitstrajektorien und sind zusammen mit den darin enthaltenen fahrzeugspezifischen Parametern im Fahrzeugmodell hinterlegt. Mithilfe dieser Zusammenhänge können die Fahrwiderstände berechnet werden, die aus einem Geschwindigkeitsverlauf resultieren. In Kombination mit dem dynamischen Radhalbmesser kann damit das für eine bestimmte Fahrsituation erforderliche Antriebsmoment an den Rädern berechnet werden. Umgekehrt ist auch die Berechnung des Geschwindigkeitsverlaufs, der aus einem bestimmten Antriebsmoment resultiert, möglich.

Neben der Höhe des erforderlichen Antriebsmoments ist für die energetische Betrachtung entscheidend, mit welchem Wirkungsgrad ein bestimmtes Antriebsmoment bei einer bestimmten Geschwindigkeit erzeugt werden kann. Zur Abbildung der Wirkungsgradkette der Komponenten des elektrischen Antriebsstrangs im Fahrzeugmodell kann aufbauend auf der in [89] angewandten Methode ein Wirkungsgradkennfeld berechnet werden. Die Basis dazu bilden die Messdaten der in Kapitel 2.4 beschriebenen Probandenstudie. Mithilfe topografischer Informationen werden darin Streckenabschnitte mit steigungs- und gefällefreier Fahrbahn identifiziert. Um Einflüsse durch die Umgebungstemperatur während der einzelnen Messungen auszuschließen, werden nur Messfahrten mit vergleichbarer Außentemperatur bei der Auswertung berücksichtigt. Aus den Messwerten der Spannung und des Stroms, die auf den ausgewählten Streckenabschnitten am Eingang der Leistungselektronik erfasst wurden, wird die elektrische Leistung in Abhängigkeit der gemessenen Längsbeschleunigung und der Fahrzeuggeschwindigkeit bestimmt. Die ermittelte elektrische Leistung $P_{elektrisch}$ für die einzelnen Betriebspunkte wird in Relation zur benötigten mechanischen Leistung $P_{Antrieb}$ in jedem Betriebspunkt gesetzt, die mit den Fahrwiderstandsgleichungen berechnet wird. Die Richtung der Energiewandlung ist abhängig vom Betriebszustand der Antriebsmaschine. Im Motorbetrieb wird elektrische Energie in mechanische Antriebsenergie umgewandelt. Im Generatorbetrieb wird dagegen aus der mechanischen Energie elektrische Energie erzeugt. Dies wird bei der Berechnung des Wirkungsgradkennfeldes mit einer Fallunterscheidung berücksichtigt:

$$\eta_{Antriebsstrang} = \begin{cases} \dfrac{P_{Antrieb}}{P_{elektrisch}}, & P_{elektrisch} \geq P_{Antrieb} \\ \dfrac{P_{elektrisch}}{P_{Antrieb}}, & P_{elektrisch} < P_{Antrieb} \end{cases} \quad (3.3)$$

Die Wirkungsgrade in den durch Längsbeschleunigung und Geschwindigkeit charakterisierten Betriebspunkten beziehen sich auf Fahrten in der Ebene. Durch eine Umrechnung der Betriebspunkte mittels der Fahrwiderstandsgleichungen und linearer

Interpolation wird ein Wirkungsgradkennfeld erzeugt, das die Wirkungsgrade der Energiewandlung steigungsunabhängig darstellt. Die Betriebspunkte sind darin durch das Antriebsmoment an den Rädern und die Geschwindigkeit charakterisiert. Der Wirkungsgrad der Batterie ist aufgrund der Vorgehensweise bei der Erstellung des Wirkungsgradkennfeldes nicht enthalten und wird separat modelliert. Abbildung 10 zeigt das Wirkungsgradkennfeld für den elektrischen Antriebsstrang ohne Traktionsbatterie. Die zur Nulllinie des Antriebmoments stark asymmetrische Charakteristik des Kennfeldes ist auf die Betriebsstrategie des Demonstratorfahrzeugs zurückzuführen. Durch die Einschränkung der Rekuperationsleistung wird das verfügbare negative Antriebsmoment begrenzt. Zusätzliches Bremsmoment kann durch die Reibbremsen erzeugt werden. Die in die Batterie zurückgespeiste elektrische Leistung bleibt dadurch jedoch unverändert, wodurch der Wirkungsgrad der Wandlung von mechanischer in elektrische Energie sinkt.

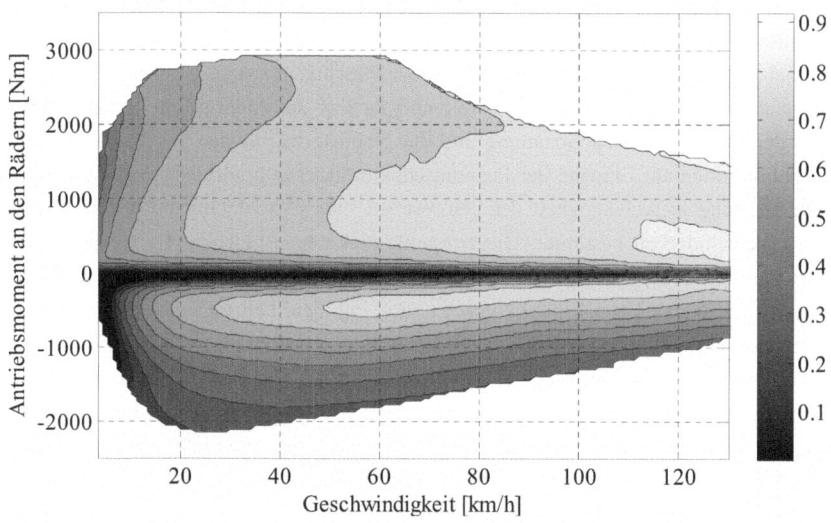

Abbildung 10: Wirkungsgradkennfeld des elektrischen Antriebsstrangs

Neben den Wirkungsgraden in den jeweiligen Betriebspunkten ist für die vorausschauende Planung der Geschwindigkeitstrajektorien auch die Kenntnis der verfügbaren Antriebsmomente und Bremsmomente durch Rekuperation erforderlich. Da die Verzögerungen ausschließlich durch Fahrwiderstände und Rekuperation dargestellt werden, werden Bremsmomente, die durch die Reibbremsen erzeugt werden, nicht

3.2 Simulationsmodell

berücksichtigt. Aus Messdaten werden Kennlinien erstellt, die die an den Rädern zur Verfügung stehenden Antriebs- und Bremsmomente in Abhängigkeit der Geschwindigkeit abbilden. Das Antriebsmoment bei geringen Geschwindigkeiten und insbesondere das Bremsmoment durch Rekuperation werden durch die Betriebsstrategie des Demonstratorfahrzeugs eingeschränkt. Die Kennlinien sind in Abbildung 11 dargestellt. Der Zusammenhang zwischen dem Antriebs- oder Bremsmoment an den Rädern und der Stellgröße an der Fahrzeugschnittstelle wird im Demonstratorfahrzeug ebenfalls messtechnisch erfasst. In der Fahrerassistenzfunktion kann damit eine der Momentenanforderung entsprechende Stellgröße für die Fahrzeugschnittstelle berechnet werden. Im Simulationsmodell wird die Stellgröße aus der Fahrerassistenzfunktion gemäß der hinterlegten Schnittstellencharakteristik interpretiert.

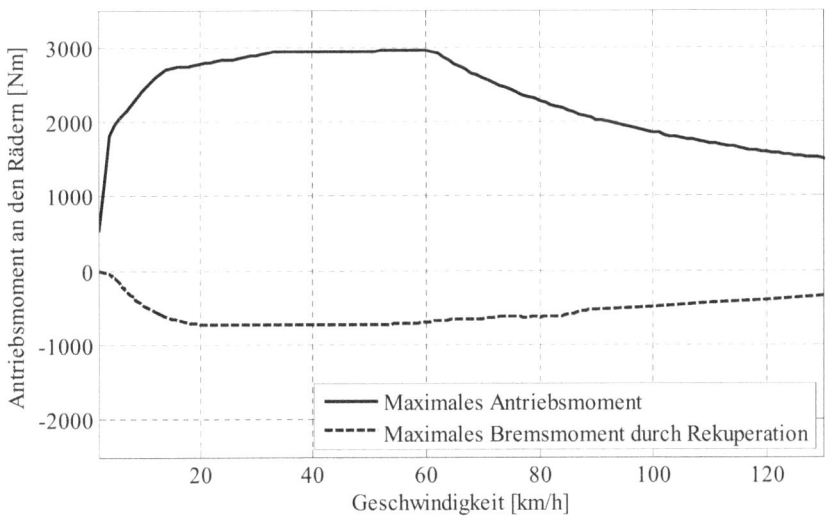

Abbildung 11: Kennlinien maximal verfügbarer Antriebs- und Bremsmomente

Zur Vervollständigung der Modellierung des Antriebsstrangs im Fahrzeugmodell ist die Traktionsbatterie in einem Minimalmodell abgebildet. Dieses setzt sich aus einem Modell zur Berechnung der Verlustleistung durch den Innenwiderstand der Batterie und einem Wirkungsgrad für die Energiewandlung von chemisch gespeicherter Energie in elektrische Energie und umgekehrt zusammen.

Die Traktionsbatterie des Demonstratorfahrzeugs basiert auf der Lithium-Ionen-Technologie. Neben den im Vergleich zu anderen Batterietechnologien günstigen

Eigenschaften der Energie- und Leistungsdichte weisen Lithium-Ionen-Batterien einen hohen Wirkungsgrad beim Laden und Entladen auf [23,75]. Der Wirkungsgrad der Energiewandlung von chemischer in elektrische Energie wird in [90] mit 95 % angegeben. Laut [23] werden Wirkungsgrade von über 95 % erreicht und in [91] wird eine Wirkungsgradspanne für die Energiewandlung in Lithium-Ionen-Batterien von 90 bis 95 % genannt. Für das Minimalbatteriemodell ist ein Wirkungsgrad bei der Energiewandlung von 95 % hinterlegt.

Unter der Annahme, dass sich alle Zellen einer Batterie gleich verhalten, lässt sich der Innenwiderstand der Traktionsbatterie aus dem Innenwiderstand einer einzelnen Zelle des verbauten Zelltyps bei Raumtemperatur und der Anordnung der Zellen in der Traktionsbatterie berechnen [92]. Einflüsse auf den Innenwiderstand der Batterie durch Alterung, Ladezustand und Temperatur werden für die prototypische Umsetzung nicht berücksichtigt. Diese Vereinfachung ist aufgrund des in Kapitel 3.7 beschriebenen Messfahrtenlayouts praktikabel. Die Verlustleistung durch den Innenwiderstand der Batterie hängt quadratisch von der Höhe des elektrischen Stromes I und vom Innenwiderstand der Traktionsbatterie $R_{bat,int}$ ab:

$$P_{Verlust,bat} = R_{bat,int} \cdot I^2 \qquad (3.4)$$

Eine entsprechende Modellierung zur Berechnung der Verlustleistung ist im Minimalbatteriemodell implementiert. Bei der prädiktiven Trajektorienplanung und der Energieberechnung werden quasistatische Systemzustände zugrundegelegt. Dynamische Einflüsse der Antriebsstrangkomponenten wurden daher im Simulationsmodell nicht abgebildet.

3.2.2 Verkehrs- und Radarsensormodell

Das Simulationsmodell enthält für simulative Untersuchungen von Fahrsituationen mit vorausfahrenden Fahrzeugen ein Verkehrs- und Radarsensormodell. Für das Fahrerassistenzsystem ist zur Umsetzung der energieeffizienten Fahrzeuglängsführung jeweils nur ein vorausfahrendes Fahrzeug relevant. Im Verkehrsmodell wird daher jeweils nur ein einzelnes Fahrzeug abgebildet. Des Weiteren ist die Modellierung der Fahrzeugdynamik auf eine Längsbewegung reduziert. Im Simulationsmodell fährt das Zielfahrzeug auf einer virtuellen geraden Strecke. Sein Geschwindigkeitsverlauf kann individuell an die zu untersuchende Situation angepasst werden, ebenso wie dessen Abstand, den es zu Beginn der untersuchten Situation zum simulierten Demonstratorfahrzeug hat. Da die Erkennungsgüte des Radarsensors nicht im Fokus der Untersuchungen

3.2 Simulationsmodell

steht, ist der Radarsensor mithilfe eines Minimalmodells eines umwelterfassenden Sensors dargestellt. Befindet sich ein simuliertes Zielfahrzeug innerhalb des Sichtfelds des Radarsensormodells, werden Informationen über die Geschwindigkeit des simulierten Zielfahrzeugs, die Relativgeschwindigkeit und Relativbeschleunigung von Demonstrator- und Zielfahrzeug sowie deren Abstand zueinander an das Fahrerassistenzsystem übermittelt.

3.2.3 Fahrermodell

Da die Fahrzeuglängsführung zu weiten Teilen automatisiert ausgeführt wird, ist auch die Abbildung eines Fahrers im Simulationsmodell weitgehend überflüssig. Zur Entwicklung der Fahrerassistenzfunktionen sowie zur realitätsnahen Untersuchung von Einschaltvorgängen und der Prüfung des Systemverhaltens ist dennoch ein Minimalfahrermodell umgesetzt. Es ermöglicht die Simulation von Fahrereingriffen über Gas- oder Bremspedal sowie über die Mensch-Maschine-Schnittstelle zur Bedienung des Fahrerassistenzsystems.

3.2.4 Elektronischer Horizont und Streckenmodell

Die Strecken und die dazugehörigen Streckenmerkmale sind grundlegende Eingangsinformationen für die Fahrerassistenzfunktion zur Berechnung energieeffizienter Geschwindigkeitstrajektorien. Sie müssen daher auch im Simulationsmodell abgebildet werden. Zur Simulation längerer realer Szenarien wird der im Demonstratorfahrzeug eingesetzte elektronische Horizont als Hardware-in-the-Loop-Komponente (HiL) in die Simulationsumgebung eingebettet. Die Daten des elektronischen Horizonts werden über die Softwareschnittstelle in der Fahrerassistenzfunktion eingelesen, die durch das in Kapitel 2.5.2 beschriebene ADAS Framework bereits definiert ist. Der Datenstrom, der dabei durch den elektronischen Horizont der Fahrerassistenzfunktion zur Verfügung gestellt wird, ist somit identisch mit dem Datenstrom im Demonstratorfahrzeug. Bei der Entwicklung und Optimierung von Teilfunktionen ist jedoch eine virtuelle Strecke von Vorteil, die einen Datensatz mit Streckenmerkmalen enthält, der dem Untersuchungszweck angepasst ist. Im Simulationsmodell ist dazu, neben der Schnittstelle für den elektronischen Horizont, ein generischer Streckengenerator implementiert. Mithilfe des Streckengenerators können in kurzer Zeit virtuelle Strecken beliebig gestaltet werden und zu Untersuchungszwecken im Simulationsmodell verwendet werden.

3.3 Potenzial des Systemkonzepts

Dieses Kapitel beinhaltet die Potenzialanalyse zur Beurteilung des Potenzials des Systemkonzepts aus Kapitel 3.1 und zur Prüfung der Erfolgsaussichten zur Vergrößerung der Reichweite des Demonstratorfahrzeugs. Die Strategien zur Realisierung einer energieeffizienten, automatisierten Fahrzeuglängsführung basieren wesentlich auf der Ineffizienz der Fahrweise eines Fahrers und der vorausschauenden, energetisch günstigen Anpassung an Strecken- und Verkehrsbedingungen. Diese Elemente werden in einem Testzyklus wie dem NEFZ nicht abgebildet, weshalb in diesem Fall die Ermittlung des Energiebedarfs und die Extrapolation der Reichweite in einem Testzyklus nicht sinnvoll sind. Das Potenzial hängt von der Häufigkeit ab, mit der im realen Fahrbetrieb Situationen auftreten, die vom System energetisch optimiert werden können. Die Häufigkeit dieser Situationen ist wiederum vom Fahrer, vom Verkehr und von der Route abhängig. Die in diesem Kapitel durchgeführte Potenzialanalyse ist in zwei Teile untergliedert. Im ersten Schritt werden Ergebnisse aus der Literatur zur Prüfung der Erfolgsaussichten ausgewertet. Im zweiten Schritt werden die repräsentativen Messdaten der Vergleichsfahrten auf optimierbare Situationen untersucht. Die Abschätzung des Potenzials zur Vergrößerung der Reichweite erfolgt auf Basis der Häufigkeit, mit der verschiedene optimierbare Situationen auftreten, und der Energiebedarfsdifferenz in den einzelnen Situationen, die durch die Systemstrategien zu erwarten sind.

3.3.1 Ergebnisse aus der Literatur

Unterstützend zur Potenzialanalyse aus Messdaten in 3.3.2 werden in diesem Unterkapitel verschiedene in der Literatur bekannte Systeme analysiert, die die allgemeine Wirksamkeit der erarbeiteten Strategien für eine energieeffiziente Fahrzeuglängsführung belegen und quantifizieren.

Das in [34] untersuchte komfortorientierte ACC-System führt zu einer Harmonisierung der Fahrweise. Dadurch wird die Anzahl unnötiger Beschleunigungsvorgänge reduziert [34]. Der Verbrauch kann durch den Einsatz des komfortorientierten ACC-Systems, gegenüber den Fahrten ohne Nutzung des Systems, um 1,5 % gesenkt werden [34]. Gezielte Maßnahmen zur Reduzierung des Kraftstoffverbrauchs sind bei diesem System nicht implementiert. Der Verbrauchsvorteil ist daher auf die Reduzierung von Beschleunigungsvorgängen durch die Harmonisierung der Fahrweise zurückzuführen [34].

3.3 Potenzial des Systemkonzepts

In [50] wird die optimale Nutzung der kinetischen Energie bei Annäherungsmanövern an vorausfahrende Fahrzeuge untersucht. Die Energie und die Zeit, die für ein Annäherungsmanöver verwendet werden müssen, sind dabei konkurrierende Optimierungskriterien. Ein Annäherungsmanöver benötigt bei energieoptimaler Strategie am meisten Zeit und ist daher auch unter Gesichtspunkten der Akzeptanz zu prüfen. In Abhängigkeit von der Geschwindigkeitsdifferenz und des Abstands zum vorausfahrenden Fahrzeug wird für ein Annäherungsmanöver mit der energieoptimalen Strategie ein Energieeinsparpotenzial von bis zu 25 % gegenüber der eines Standard-ACC ermittelt [50]. Das Gesamtpotenzial dieses Systems zur Steigerung der Energieeffizienz ist abhängig von der Häufigkeit, mit der die Annäherungssituationen im realen Fahrbetrieb auftreten. Eine genaue Quantifizierung des Gesamtpotenzials ist daher auf Basis einer situationsbasierten Betrachtung nicht ohne Weiteres möglich.

Zur Unterstützung des Fahrers bei einer energieeffizienten Fahrweise ist in [86] ein Fahrerassistenzsystem umgesetzt, das mittels aktivem Fahrpedal dem Fahrer während der Fahrt Empfehlungen gibt. Um die Verluste zu reduzieren, die während der Fahrt im konventionellen Antriebsstrang auftreten, werden Hinweise für verbrauchsoptimierte Beschleunigungen gegeben sowie die Gangwahl des Automatikgetriebes vom Fahrerassistenzsystem übernommen. Durch Verwendung von Vorausschauinformationen kann dem Fahrer mitgeteilt werden, wann er vom Gas gehen sollte, um durch möglichst langes Ausrollen die kinetische Energie während eines Verzögerungsvorgangs optimal zu nutzen. Das System unterstützt den Fahrer auch bei einer Konstantfahrt mit entsprechenden Empfehlungen. Die Summe der geschilderten Maßnahmen führte in einer Probandenstudie bei 14 Personen, die das System akzeptierten, zu einer Kraftstoffeinsparung von 6,7 %. [86]

3.3.2 Potenzialabschätzung aus Messdaten

Dieses Kapitel beschreibt eine quantitative, fahrzeugspezifische Potenzialabschätzung des Effekts auf die Reichweite des Fahrzeugs, der durch das Fahrerassistenzsystem zu erwarten ist. Für die Potenzialanalyse werden die Messdaten herangezogen, die bei den Vergleichsfahrten in der repräsentativen Probandenstudie erzeugt wurden, welche in Kapitel 2.4 beschrieben ist. Aufgrund fahrzeugspezifischer Einflüsse bei der Potenzialanalyse sind dabei lediglich die Messdaten des zum Demonstrator umgerüsteten Basisfahrzeugs berücksichtigt. Mit den in Kapitel 3.1.5 beschriebenen Strategien für eine energieeffiziente Fahrzeuglängsführung, die dem Systemkonzept zugrundeliegen, können verschiedene Fahrsituationen energetisch optimiert werden. Aus der dabei erreichten theoretischen Reduzierung des Traktionsenergiebedarfs und der Häufigkeit, mit der verschiedene optimierbare Situationen während der Messfahrten der Probandenstudie aufgetreten sind, lässt sich eine Abschätzung des Energieverbrauchs und eine Extrapolation der theoretischen Reichweite durchführen.

Durch die optimale Nutzung der kinetischen Energie und der vorausschauenden Anpassung der Fahrzeuggeschwindigkeit kann die Verwendung der Reibbremsen weitgehend vermieden werden. Die Verzögerungen können ausschließlich durch Fahrwiderstände und Rekuperation dargestellt werden. Abbildung 12 zeigt, in Abhängigkeit der Geschwindigkeit, die gemessene Verzögerung, die im Demonstratorfahrzeug auf einer ebenen Fahrbahn bei maximaler Rekuperation erreicht werden kann. Verzögerungen unterhalb des grau dargestellten Bereichs und bei Geschwindigkeiten unter 1 m/s können nur durch den Einsatz der Reibbremsen dargestellt werden.

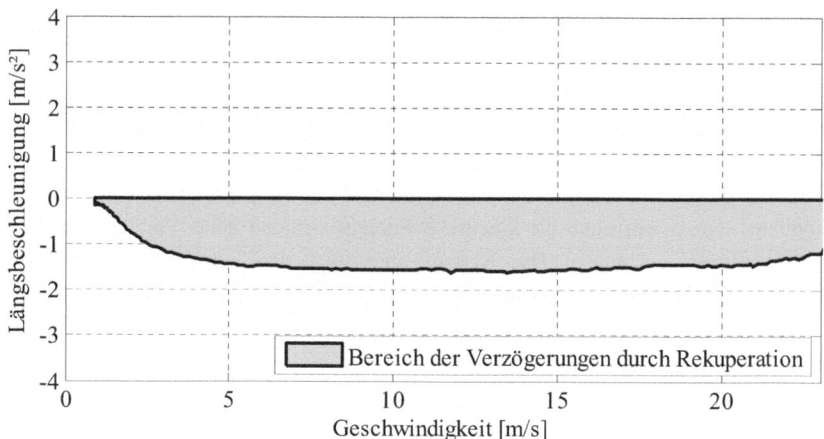

Abbildung 12: Verzögerung durch Rekuperation im Demonstratorfahrzeug

Unter der Annahme, dass die Verwendung der Reibbremsen durch das Fahrerassistenzsystem vermieden werden kann, ist es möglich, einen nennenswerten Anteil der Energie, die bei den manuellen Fahrten der Probandenstudie in den Reibbremsen dissipiert wurde, in die Batterie zurückzuspeisen. Zur Abschätzung der aufgetretenen Bremsverluste bei den manuellen Fahrten wird die Annahme getroffen, dass eine Verzögerung, die über den in Abbildung 12 gezeigten Verzögerungsbereich durch Rekuperation hinausgeht, durch zusätzlichen Einsatz der Reibbremsen erzeugt wurde. Die Vernachlässigung topografischer Informationen führt zu einer zurückhaltenden Schät-

3.3 Potenzial des Systemkonzepts

zung, da die dabei nicht berücksichtigten Bremsverluste durch Gefälle größer sind als eventuell irrtümlich angenommene Bremsverluste bei Verzögerungen auf Steigungen. Aufgrund von Wirkungsgradverlusten im Antriebsstrang kann nur ein Teil der Verluste, die durch die Reibbremse entstehen, durch Rekuperation wieder in die Batterie zurückgespeist werden. Bei den Berechnungen wird nach [93] ein Wirkungsgrad von 50 % zugrundegelegt. Das Potenzial zur Reduzierung des Energiebedarfs durch eine Fahrzeuglängsführung ohne Verwendung der Reibbremsen beträgt damit unter Berücksichtigung der beschriebenen Annahmen 2,0 % der insgesamt benötigten Traktionsenergie.

Durch die Verwendung von Charakteristika des elektrischen Antriebsstrangs bei der Umsetzung einer energieeffizienten Fahrzeuglängsführung lassen sich die auftretenden Verluste im Antriebsstrang gezielt reduzieren. Wegen der festen Übersetzung zwischen Motor und angetriebenen Rädern entfällt der Freiheitsgrad einer Drehzahlanpassung bei unveränderter Geschwindigkeit. Daher ist das Motormoment, neben einer Anpassung der Fahrzeuggeschwindigkeit, die einzige verfügbare Stellgröße zur Reduzierung der Verluste im Antriebsstrang.

Die energieeffiziente Gestaltung von Beschleunigungsmanövern ist ein wesentlicher Baustein bei der Umsetzung der Strategie zur Verringerung der Verluste im Antriebsstrang. Um das Einsparpotenzial dieser Strategie zu ermitteln, werden Beschleunigungssituationen untersucht, die während den repräsentativen Vergleichsfahrten aufgetreten sind. Im Fokus der Analyse stehen Beschleunigungsvorgänge mit Beschleunigungen über +2 m/s². Zur Abschätzung des Potenzials zur Energieeinsparung wird eine Vergleichssituation berechnet, der ein Beschleunigungsvorgang mit einer konstanten Beschleunigung von +2 m/s² zugrundeliegt. Die Geschwindigkeitsdifferenz, die bei den gemessenen Beschleunigungsvorgängen aufgetreten ist, wird auch als Basis für die Berechnung der Vergleichssituation verwendet. Dies führt zu einer längeren Strecke, die für das Vergleichsmanöver benötigt wird und einer niedrigeren Durchschnittsgeschwindigkeit. Die Streckendifferenz wird durch Annahme einer Fortsetzung der gemessenen Situation mit konstanter Geschwindigkeit ausgeglichen. Die Vorgehensweise bei der Abschätzung des Potenzials, das durch Vermeidung starker Beschleunigungen entsteht, ist in Abbildung 13 dargestellt. Sie zeigt den Verlauf der Längsbeschleunigung und der Fahrzeuggeschwindigkeit einer Beispielsituation aus den Messdaten, den entsprechenden Ausgleich der Streckenlänge durch angenommene Konstantfahrt und den für die Potenzialabschätzung angenommenen Verlauf für die Vergleichssituation.

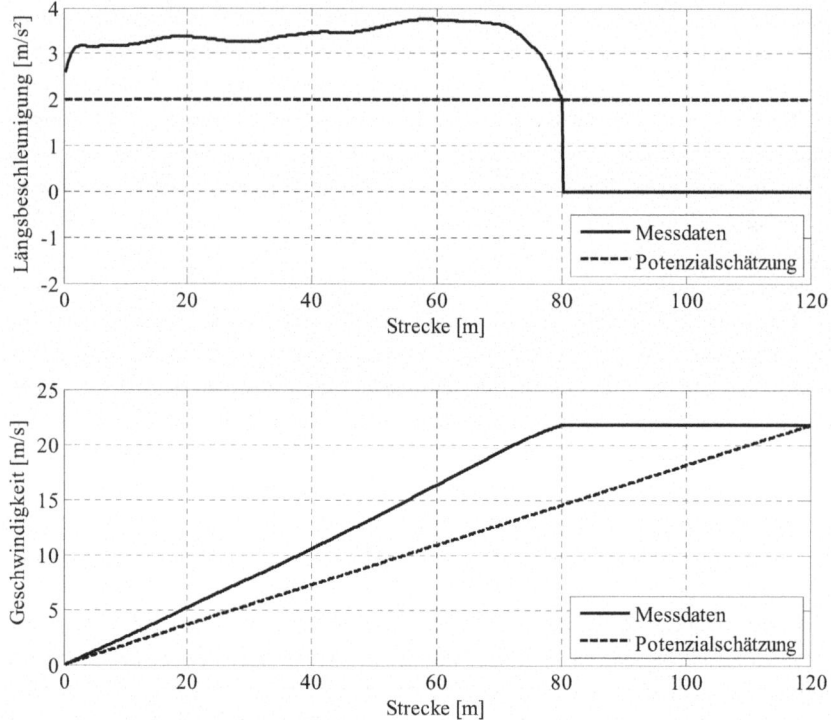

Abbildung 13: Vergleich von Messung und Potenzialschätzung in Beispielsituation

Ein Teil des hierbei ermittelten Potenzials ist auf die Verringerung der Durchschnittsgeschwindigkeit und der damit einhergehenden Reduzierung der Fahrwiderstände zurückzuführen, der andere Teil auf die geringeren Verluste im elektrischen Antriebsstrang. Werden alle in den repräsentativen Messdaten aufgetretenen Beschleunigungsvorgänge wie beschrieben durch Beschleunigungsmanöver mit konstanter und moderater Beschleunigung rechnerisch ersetzt, so ergibt sich ein Energiesparpotenzial von durchschnittlich 5,5 %.

Zur Abschätzung des Potenzials, das sich durch die Strategie zur Vermeidung unnötiger Beschleunigungsvorgänge ergibt, werden entsprechende Situationen in den Messdaten analysiert. Da in den Messdaten der Vergleichsfahrten keine Abstandsinformationen über vorausfahrende Fahrzeuge enthalten sind, ist die eindeutige Identifizierung unnötiger Beschleunigungsanteile, insbesondere im Stadtverkehr, nicht mög-

3.3 Potenzial des Systemkonzepts

lich. Unter der Annahme, dass bei höheren Geschwindigkeiten entsprechend große Abstände eine konstante Geschwindigkeit zulassen, werden für die Abschätzung nur Situationen mit Geschwindigkeiten über 100 km/h herangezogen. Zudem steigen die Verluste, die durch Geschwindigkeitsschwankungen entstehen, mit zunehmender Geschwindigkeit, weshalb vermeidbare Beschleunigungen bei hohen Geschwindigkeiten einen signifikanten Anteil des Einsparpotenzials ausmachen. Den Berechnungen zur Potenzialschätzung wird als Vergleichssituation eine Fahrt mit gleicher Dauer und konstanter Geschwindigkeit in Höhe der Durchschnittsgeschwindigkeit der realen Situation aus den Messdaten zugrundegelegt. Der Vergleich des gemessenen Geschwindigkeitsverlaufs und dem der theoretischen Vergleichssituation ist in Abbildung 14 dargestellt. Das Ersetzen des gemessenen Traktionsenergiebedarfs der Situationen mit unnötigen Beschleunigungsvorgängen, die unter den geschilderten Randbedingungen in den Messdaten gefunden wurden, durch den Traktionsenergiebedarf der entsprechenden Vergleichssituation führt zu einem mittleren Einsparpotenzial von 2,9 %.

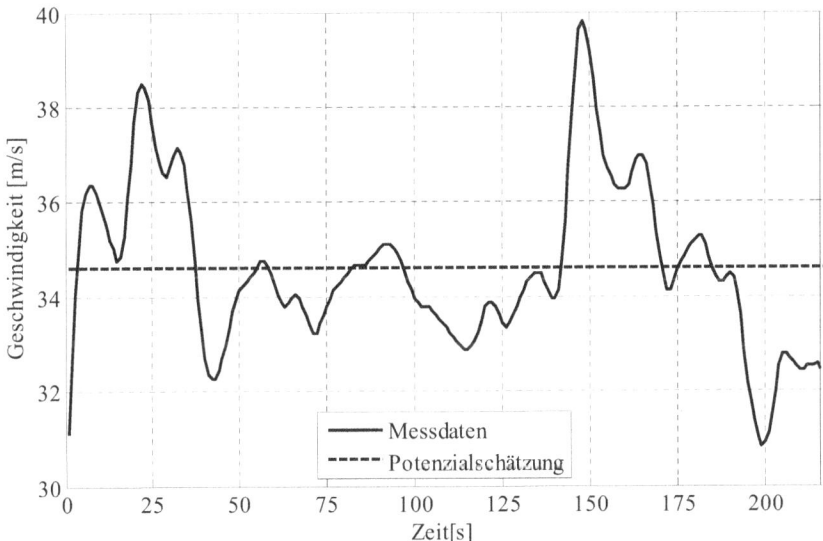

Abbildung 14: Beispiel unnötiger Beschleunigungsanteile und Potenzialschätzung

Die beschriebene Potenzialschätzung der verschiedenen Strategien für eine energieeffiziente Fahrzeuglängsführung bezieht sich auf den Traktionsenergiebedarf des Demonstratorfahrzeugs. Der Energiebedarf aller weiteren Verbraucher wird als unverändert angenommen. Für die Übertragung des berechneten Potenzials auf den Gesamtenergieverbrauch wird der Energiebedarf aller Nebenverbraucher, der bei den einzelnen Vergleichsfahrten gemessen wurde, auf den berechneten Traktionsenergiebedarf einer jeden Fahrt aufaddiert. Die Ergebnisse der Potenzialabschätzung und die Effekte auf den Energiebedarf und die Reichweite sind in Tabelle 3 aufgelistet. Die Summe der errechneten Potenziale der verschiedenen Strategien führt zu einer Reduzierung des Gesamtenergiebedarfs um 9,5 %. Extrapoliert auf den Energieinhalt der Traktionsbatterie resultiert daraus eine theoretische Vergrößerung der Reichweite des Demonstratorfahrzeugs von 10 %.

Tabelle 3: Effekte auf Energiebedarf und Reichweite durch errechnete Potenziale

Strategie	Schätzung Traktionsenergiebedarf	Schätzung Gesamtenergiebedarf	Theoretischer Effekt auf die Reichweite
Vermeidung unnötiger Beschleunigungsvorgänge	-2,9 %	-2,7 %	+2,8 %
Vorausschauende Anpassung der Geschwindigkeit	-2,0 %	-1,8 %	+1,9 %
Reduzierung der Verluste im Antrieb und durch Fahrwiderstände	-5,5 %	-5,0 %	+5,3 %
Summe	-10,4 %	-9,5 %	+10,0 %

Die Potenzialschätzung wird wesentlich von Fahrzeug- und Antriebsstrangcharakteristika beeinflusst. Die Höhe der errechneten Potenziale ist daher fahrzeugspezifisch und in diesem Fall für das Demonstratorfahrzeug gültig. Die Ergebnisse sind quantitativ nicht auf andere Elektrofahrzeuge übertragbar. Eine qualitative Übertragbarkeit der Abschätzung ist dagegen unter Einschränkungen möglich. Dies wird am Beispiel des Potenzials der Strategie zur optimalen Ausnutzung der kinetischen Energie deutlich. Grundsätzlich bietet die Verzögerung durch Rekuperation im Vergleich zur Verzögerung durch Reibbremsen ein Energieeinsparpotenzial. Die Höhe des Potenzials ist unter anderem vom Rekuperationsvermögen des jeweiligen Elektrofahrzeugs abhängig. Mit sinkender verfügbarer Rekuperationsleistung steigt die Anforderung an den

3.4 Bedingungen der automatisierten Fahrzeuglängsführung 55

Fahrer, verkehrs- oder routenbedingte Verzögerungen ohne Verwendung der Reibbremsen umzusetzen. Dabei steigt der potenzielle Verbrauchsvorteil einer vorausschauenden Verzögerung durch das Fahrerassistenzsystem.

3.4 Bedingungen der automatisierten Fahrzeuglängsführung

Die Längsführung eines Kraftfahrzeugs bezeichnet die gezielte Anpassung der Geschwindigkeit des Fahrzeugs in Richtung der Fahrzeuglängsachse an die jeweilige Situation. Die Adaption der Geschwindigkeit an die jeweilige Fahrsituation ist elementarer Bestandteil der Aufgaben eines Fahrers bei der Fahrzeugführung. Sie erfolgt bei einem Elektrofahrzeug im Wesentlichen durch entsprechende Betätigung des Gas- und Bremspedals. Die Automatisierung der Längsführung durch ein Fahrerassistenzsystem bietet neben Komfort- und Sicherheitsvorteilen auch Möglichkeiten einer energieeffizienten Gestaltung des Geschwindigkeitsverlaufs. Zur Erreichung des damit in dieser Arbeit verfolgten Ziels der Vergrößerung der Reichweite eines Elektrofahrzeugs wird das Fahrerassistenzsystem auf Basis des Systemkonzepts aus Kapitel 3.1.6 realisiert. Den darin enthaltenen Strategien für eine energieeffiziente Fahrzeuglängsführung wird mit verschiedenen Teilfunktionen in der Fahrerassistenzfunktion Rechnung getragen, um den Energiebedarf für eine Fahraufgabe zu minimieren. Dieses Kapitel beschreibt die Bedingungen für die automatisierte Längsführung, die sich aus der prototypischen Realisierung des Fahrerassistenzsystems im Rahmen der vorliegenden Arbeit ergeben. Aus diesen Rahmenbedingungen resultieren die Aufgaben des Fahrerassistenzsystems, die in Kapitel 3.4.3 dargestellt sind.

3.4.1 Einschränkungen

Während ein Fahrer die Längsführung in allen Situationen beherrschen muss, stellt die zweifelsfreie maschinelle Erkennung aller Verkehrssituationen heute noch eine große Herausforderung dar und ist insbesondere im Kontext autonomen Fahrens von elementarer Wichtigkeit. Die in dieser Arbeit betrachtete Automatisierung der Längsführung durch ein Fahrerassistenzsystem unterliegt diesbezüglich Einschränkungen. Sie ist auf Fahrsituationen beschränkt, deren vollständige und eindeutige Beschreibung mit statischen Streckenmerkmalen und gegebenenfalls einem in dieselbe Richtung vorausfahrenden Fahrzeug möglich ist. Dies schließt eine geeignete Fahrzeuglängsführung bei querenden Verkehrsteilnehmern, beispielsweise auf nicht vorfahrtsberechtigten Straßen oder an Zebrastreifen, bei dynamischen Streckenereignissen wie Ampeln, Matrixzeichen oder in Gefahrensituationen aus. Des Weiteren werden ausschließlich Geschwindigkeiten von $v \geq 0 \, km/h$ betrachtet. Im Folgenden wird der Begriff der Fahrzeuglängsführung stets in Verbindung mit den beschriebenen Einschränkungen verwendet.

3.4.2 Vorausschau

Eine vorausschauende Fahrweise eröffnet Möglichkeiten zur energieeffizienten Gestaltung der Fahrzeuglängsführung. Dies gilt gleichermaßen für einen Fahrer und ein Fahrerassistenzsystem. Mit steigender Informationsgüte und zunehmender Länge des Vorausschauhorizontes nähert sich das Potenzial zur Reduzierung des Energiebedarfs für eine Fahraufgabe asymptotisch einem durch die Randbedingungen und die Einflussmöglichkeiten auf die Längsführung bestimmten Maximum an. Unter Vorausschau wird hier die Verfügbarkeit energetisch relevanter Informationen im Vorfeld eines Fahrmanövers verstanden. Dazu zählen beispielsweise eine Verringerung der erlaubten Höchstgeschwindigkeit, ein verzögerndes vorausfahrendes Fahrzeug, aber auch die Kenntnis des Energiebedarfs für das anstehende Fahrmanöver. Die Vorausschau bildet somit die Informationsbasis für eine energieeffiziente Automatisierung der Fahrzeuglängsführung. Das Potenzial des Fahrerassistenzsystems zur Verringerung des Energiebedarfs für eine Fahraufgabe wächst mit steigendem Vorsprung an Vorausschauinformationen gegenüber einem Fahrer. Die Art und die Quelle der Vorausschauinformationen, die in dieser Arbeit verwendet werden, sind in Tabelle 4 aufgelistet.

Tabelle 4: Art und Quelle der Vorausschauinformationen

Art der Vorausschauinformationen	Quelle
Statische Streckenmerkmale	elektronischer Horizont aus digitaler Karte
Objektinformationen über vorausfahrendes Fahrzeug	Radarsensor
Vorhersage des Energiebedarfs für ein Fahrmanöver	prädiktive modellbasierte Trajektorienberechnung auf Basis statischer Streckenmerkmale

3.4.3 Aufgaben

Die Art und Quelle der verfügbaren Vorausschauinformationen sowie die beschriebenen Einschränkungen, die für das realisierte Fahrerassistenzsystem gelten, bestimmen

3.5 Elemente der automatisierten Fahrzeuglängsführung 57

die Art und den Umfang der Fahrerassistenzfunktion zur Automatisierung der Fahrzeuglängsführung. Die Fahrerassistenzfunktion setzt sich aus mehreren Teilfunktionen zusammen, die sich jeweils einer der folgenden Hauptaufgaben der automatisierten Fahrzeuglängsführung zuordnen lassen:

- Auswahl von Informationen, die für die Längsführung relevant sind und Ableitung der aktuellen Fahrsituation

- Umsetzung einer der Fahrsituation angepassten Reaktion auf Basis der im System implementierten Strategien zur Gestaltung der Längsführung

In Abbildung 15 ist eine aus Messdaten entnommene Beispielsituation dargestellt, die anschaulich einen Teil der Aufgaben der automatisierten Fahrzeuglängsführung zeigt. Darin ist zu Beginn des Ausschnitts der Geschwindigkeitsverlauf während einer Folgefahrt abgebildet. Durch die anschließende Anpassung der Fahrzeuggeschwindigkeit aufgrund von sich ändernden Geschwindigkeitsbegrenzungen wird der Geschwindigkeitsverlauf nicht mehr vom vorausfahrenden Fahrzeug beeinflusst. Im folgenden Kapitel 3.5 werden die entscheidenden Teile der Fahrerassistenzfunktion zur Erfüllung der Aufgaben der automatisierten Fahrzeuglängsführung näher erläutert.

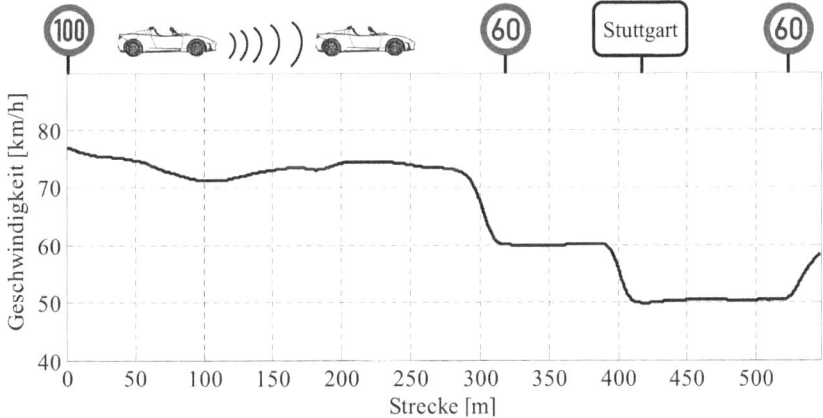

Abbildung 15: Aufgaben der Fahrzeuglängsführung in Beispielsituation nach [94]

3.5 Elemente der automatisierten Fahrzeuglängsführung

Dieses Kapitel beschreibt die wichtigsten zur Automatisierung der Fahrzeuglängsführung erforderlichen Bestandteile der Fahrerassistenzfunktion. Die Implementierung der einzelnen Teilfunktionen basiert auf dem in Kapitel 3.1.6 erarbeiteten Systemkonzept zur Reduzierung des Energiebedarfs und zur Steigerung der Reichweite des Elektrofahrzeugs. Die daraus resultierende Softwarestruktur der Fahrerassistenzfunktion zeigt Abbildung 16.

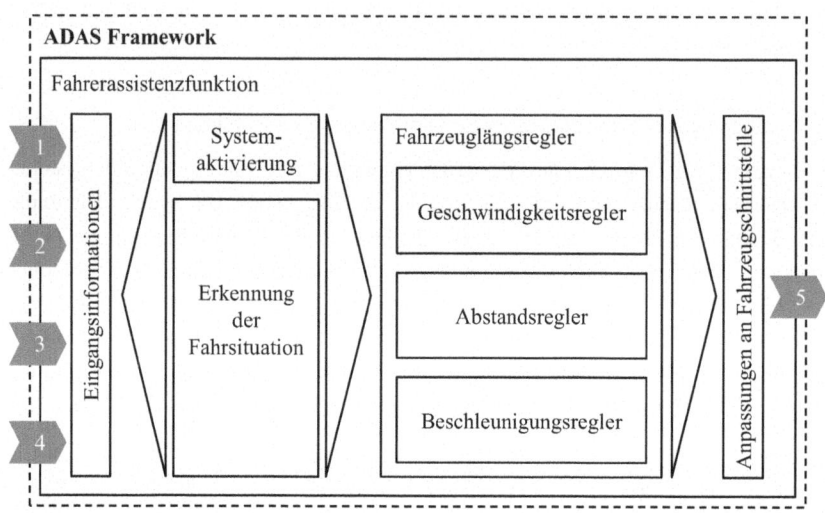

Abbildung 16: Struktur der Fahrerassistenzfunktion

3.5.1 Erkennung der Fahrsituation

Die korrekte Interpretation aller Eingangsinformationen der Fahrerassistenzfunktion ist die Voraussetzung für geeignete Systemreaktionen in allen Fahrsituationen. Aufgrund des hohen Gefährdungspotenzials bei einer Fehlreaktion des Fahrerassistenzsystems kommt der Erkennung der aktuellen Fahrsituation eine Schlüsselrolle bei der Automatisierung der Fahrzeuglängsführung zu. Darüber hinaus ist eine zuverlässige und korrekte Fahrsituationserkennung auch die Basis für die energetische Optimierung der Längsführung.

Die Fahrsituationserkennung stellt ein vorgeschaltetes, eigenes Subsystem der Fahrerassistenzfunktion dar. Die darin verarbeiteten Eingangsinformationen bestehen aus Zustandsgrößen des Fahrzeugs, Streckenmerkmalen aus dem elektronischen Horizont und Objektinformationen des Radarsensors über ein vorausfahrendes Fahrzeug. Aus den Eingangsinformationen werden die Ereignisse selektiert, die zum aktuellen Zeit-

3.5 Elemente der automatisierten Fahrzeuglängsführung

punkt für die Längsführung relevant sind. Die dabei auftretende Komplexität ist abhängig von der jeweiligen Fahrsituation. Die Auswahl ist insbesondere bei Überlagerung von Ereignissen aufwändig, beispielsweise durch dicht aufeinander folgende statische Streckenmerkmale oder eine Annäherung an ein vorausfahrendes Fahrzeug mit großer Relativgeschwindigkeit in Kombination mit sich ändernden statischen Streckenmerkmalen. Parallel zur Auswahllogik wird über einen einfachen Sicherheitspfad die Situationserkennung überwacht, um kritische Fahrsituationen in jedem Fall zu erkennen.

In Abhängigkeit der erkannten Fahrsituation werden entsprechende Teilfunktionen in der Fahrerassistenzfunktion aktiviert, die zur Umsetzung einer geeigneten Systemreaktion für die erkannte Fahrsituation erforderlich sind.

3.5.2 Konstantfahrt

Wird die Längsführung des Fahrzeugs nicht von einem vorausfahrenden Fahrzeug beeinflusst, handelt es sich um eine Freifahrt. Der Geschwindigkeitsverlauf wird dann nur an statische Streckenmerkmale angepasst. Hauptaufgabe dabei ist es, eine energetisch günstige Längsführung unter Berücksichtigung von Sicherheit und Akzeptanz zu realisieren. Bei gleichbleibenden Randbedingungen resultiert dies in einer Fahrt mit konstanter Geschwindigkeit, um unnötige Beschleunigungsvorgänge zu vermeiden.

Der Geschwindigkeitsregler übernimmt die Längsführung während Phasen der Konstantfahrt. Er bildet die bekannte Funktion eines Tempomaten ab. Die Sollgeschwindigkeit des Reglers resultiert aus der vom Fahrer gewählten Setzgeschwindigkeit, wird aber durch aktuell gültige Geschwindigkeitsbegrenzungen nach oben begrenzt.

3.5.3 Geschwindigkeitsübergänge

Die Merkmale der vorausliegenden Strecke ändern sich während einer Fahrt laufend. Diese Abfolge statischer Streckenmerkmale erfordert eine fortlaufende Anpassung der Fahrzeuggeschwindigkeit. Zur Gestaltung der dabei auftretenden Geschwindigkeitsübergänge ist in der Fahrerassistenzfunktion ein Beschleunigungsregler implementiert. Dessen Aufgabe ist es, den Geschwindigkeitsübergang durch optimale Ausnutzung der kinetischen und potenziellen Energie und durch Reduzierung der Verluste im elektrischen Antriebsstrang energetisch möglichst günstig durchzuführen. Die Freiheitsgrade bei der Realisierung eines energieeffizienten Übergangs sind durch Akzeptanzaspekte eingeschränkt. Im Folgenden werden die einzelnen Maßnahmen des Beschleunigungsreglers zur energieeffizienten Gestaltung von Verzögerungen und Beschleunigungen bei Freifahrten erläutert.

Mithilfe der Vorausschauinformationen über die Strecke, des detaillierten Fahrzeugmodells und eines Optimierungsalgorithmus wird der Geschwindigkeitsverlauf mit dem geringsten Energiebedarf für das anstehende Fahrmanöver ermittelt, um den Energiebedarf eines Verzögerungsmanövers zu minimieren. Verzögerungsvorgänge zur Anpassung der Fahrzeuggeschwindigkeit an statische Streckenmerkmale finden auf einer definierten Streckenlänge statt, die von der Geschwindigkeitsdifferenz zwischen Start- und Endpunkt des Geschwindigkeitsübergangs abhängt. Während der Endpunkt, an dem die Anpassung der Geschwindigkeit abgeschlossen sein muss, durch die Position des Ereignisses eindeutig bestimmt ist, wird der früheste Eingriffszeitpunkt, an dem die Verzögerung beginnt, unter Berücksichtigung von Akzeptanzkriterien gewählt. Dadurch werden für den Fahrer nicht nachvollziehbare Systemreaktionen und starke Verringerungen der Durchschnittsgeschwindigkeit durch das System im Vergleich zu einer manuellen Fahrweise auf Kosten des Energiebedarfs vermieden. Die im Beschleunigungsregler berechneten und optimierten Geschwindigkeitstrajektorien enthalten den Geschwindigkeitsverlauf in Abhängigkeit der Strecke.

Die Suche nach der Geschwindigkeitstrajektorie mit dem geringsten Energiebedarf für das anstehende Fahrmanöver stellt ein Optimierungsproblem dar. Zur Lösungsfindung wird das in Kapitel 2.5.3 beschriebene Verfahren nach Bellman eingesetzt. Das von Bellman formulierte Optimalitätsprinzip ermöglicht die Diskretisierung des Problems, wodurch sich der Rechenaufwand zur Findung der optimalen Geschwindigkeitstrajektorie deutlich reduziert. Bei einem Diskretisierungsnetz mit n Optimierungsschritten und i Zuständen kann die Anzahl der theoretisch möglichen Trajektorien c_{Traj} nach [95] wie folgt berechnet werden:

$$c_{Traj} = i^{n-2} \qquad (3.5)$$

Die mögliche Reduzierung des Rechenaufwands bei der Suche der optimalen Lösung durch Verwendung eines Optimierungsalgorithmus, der auf dem Optimalitätsprinzip nach Bellman basiert, wird an einem Rechenbeispiel deutlich: Bei einer Diskretisierung mit $n = 20$ Optimierungsschritten und $i = 100$ Zuständen ergeben sich $c_{Traj} = 10^{36}$ mögliche Trajektorien, aus denen die optimalen Trajektorie gefunden werden muss. Durch eine iterative Vorgehensweise bei der Berechnung der Ge-

3.5 Elemente der automatisierten Fahrzeuglängsführung

schwindigkeitstrajektorie basierend auf dem Optimalitätsprinzip nach Bellman beträgt die Anzahl der erforderlichen Entscheidungen c_{dec} nach [95]:

$$c_{dec} = i^2 \cdot (n-3) + 2 \cdot i \tag{3.6}$$

Für das Diskretisierungsbeispiel ergeben sich daraus $c_{dec} = 170200$ erforderliche Entscheidungen. Der Rechenaufwand für eine Entscheidung ist zudem geringer als die Berechnung einer vollständigen Trajektorie, die einen möglichen Geschwindigkeitsverlauf für das komplette Fahrmanöver abbildet. Das Optimalitätsprinzip nach Bellman bildet somit die Grundlage für einen echtzeitfähigen Algorithmus zur Onlineberechnung optimaler Geschwindigkeitstrajektorien, was für die Implementierung des Fahrerassistenzsystems im Demonstratorfahrzeug von elementarer Bedeutung ist.

Da sowohl das Ereignis als Ursache der Geschwindigkeitsanpassung als auch die während der Berechnung verwendeten statischen Streckenmerkmale örtlich definiert sind, ist für die Berechnung der optimalen Geschwindigkeitstrajektorie die Diskretisierung der Entfernung des Ereignisses von der aktuellen Fahrzeugposition in n Optimierungsschritte sinnvoll. Die Fahrzeuggeschwindigkeit wird als anzupassende Größe in i mögliche Zustände je Optimierungsschritt diskretisiert. Ausgenommen davon sind der Start- und Endpunkt der Trajektorie, deren Zustand über die aktuelle Fahrzeuggeschwindigkeit v_{cur} und die gewünschte Zielgeschwindigkeit v_{des} definiert ist. Die Berechnung der einzelnen Entscheidungen erfolgt ausgehend vom gewünschten Zielzustand. Der Bereich der möglichen Geschwindigkeitstrajektorien wird durch den Diskretisierungsraum eingeschränkt. Eine qualitative Darstellung zur Veranschaulichung der Diskretisierung zeigt Abbildung 17.

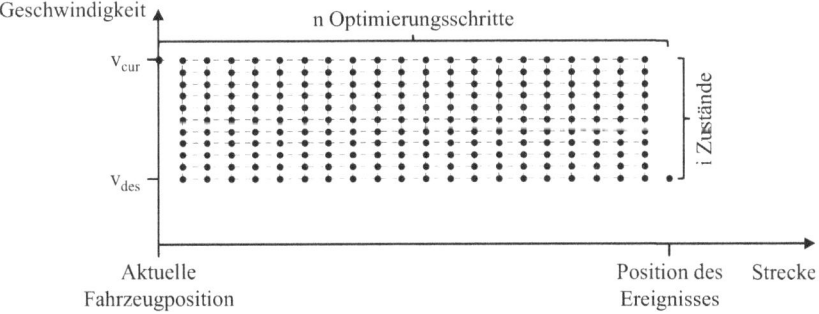

Abbildung 17: Illustrierung der Diskretisierung eines Verzögerungsmanövers

Das Gütekriterium bei der Ermittlung der optimalen Gesamttrajektorie ist der Bedarf an elektrochemisch gespeicherter Energie in der Batterie. Dies gilt gleichermaßen für die Berechnung der Teiltrajektorien der einzelnen Entscheidungen. Das in Kapitel 3.2.1 beschriebene Fahrzeugmodell und Vorausschauinformationen über die vorausliegende Strecke liefern die dazu notwendigen Informationen und Berechnungsgrundlagen. Damit können der Gesamtfahrwiderstand und die Wirkungsgrade im Antriebsstrang sowie der aus dem Minimalmodell der Batterie ermittelte Batteriewirkungsgrad berechnet werden. Zusätzlich werden alle theoretisch möglichen Entscheidungen mit den verfügbaren Antriebs- und Bremsmomenten an den Rädern aus dem Fahrzeugmodell abgeglichen, um ausschließlich Trajektorien zu berücksichtigen, die im Demonstratorfahrzeug darstellbar sind. Dies ist insbesondere zur Realisierung der Strategie, Verzögerungen ausschließlich durch Fahrwiderstände und Rekuperation zu erzeugen, bedeutend. Basierend auf dem Fahrzeugmodell wird zur Berechnung des Bedarfs an elektrochemisch gespeicherter Energie aus der Batterie für eine Teiltrajektorie E_{Traj} folgende Gütefunktion verwendet:

$$E_{Traj,Start:Ende} = \int_{t(Start)}^{t(Ende)} \left(F_{FW} \cdot v \cdot \frac{1}{\eta_{Antriebsstrang} \cdot \eta_{Bat}} \right) \cdot dt \qquad (3.7)$$

Die darin verwendeten modellbasierten Wirkungsgrade lassen sich wie folgt zusammenfassen:

$$\eta_{Antriebsstrang} = f(M, v) \qquad (3.8)$$

$$\eta_{Bat} = f(P_{elektrisch}) \qquad (3.9)$$

Durch die in der Gütefunktion enthaltenen Komponenten werden sowohl die Strategie zur Reduzierung der Verluste im elektrischen Antriebsstrang als auch die Strategie zur optimalen Ausnutzung kinetischer und potenzieller Energie adressiert.

Das in Gleichung (2.1) allgemein ausgedrückte Optimalitätsprinzip nach Bellman lässt sich mit der beschriebenen Gütefunktion (3.7) für das hier bearbeitete Optimierungsproblem konkretisieren. Die Gleichung zur Findung der optimalen Geschwindigkeitstrajektorie mit dem geringsten Energiebedarf, die dem Algorithmus zugrundeliegt, lautet damit für $2 \leq x \leq n$ und $1 \leq y1, y2 \leq i$:

3.5 Elemente der automatisierten Fahrzeuglängsführung 63

$$\hat{E}_{Traj,1:x}(z_x) = \min_{y1,y2} \left(\hat{E}_{Traj,1:x-1}(z_{y1,x-1}) + \hat{E}_{Traj,x-1:x}(z_{y2,x}) \right) \quad (3.10)$$

Darin ist $\hat{E}_{Traj,1:x}(z_x)$ der Energiebedarf für die optimale Trajektorie von Optimierungsschritt 1 bis x und $z_{y1,x-1}$ der Zustandsvektor des Diskretisierungszustands $y1$ im Optimierungsschritt $x-1$. Am Ende der Berechnung entsteht nach $x = n$ Optimierungsschritten die optimale Gesamttrajektorie für das Verzögerungsmanöver, welche durch die nachgeschaltete Reglereinheit umgesetzt wird.

Die beschriebene manöverbasierte Trajektorienplanung mit Optimierungsalgorithmus ist für Geschwindigkeitsübergänge, die eine positive Fahrzeugbeschleunigung erfordern, insbesondere hinsichtlich der Fahrerakzeptanz nicht immer zielführend. In der Gütefunktion zur Berechnung der optimalen Verzögerungstrajektorie sind neben den Wirkungsgraden des elektrischen Antriebsstrangs auch die Fahrwiderstände enthalten. Da die Fahrwiderstände eine Verzögerung des Fahrzeugs bewirken, sind sie bei Geschwindigkeitsübergängen mit negativer Fahrzeugbeschleunigung Teil der optimalen Strategie zur Realisierung des Verzögerungsmanövers, beispielsweise in Segelphasen. Darüber hinaus entfallen bei Beschleunigungsmanövern im Unterschied zu Verzögerungsmanövern die Randbedingungen eines örtlich definierten Endpunktes des Manövers sowie die Einschränkung durch das zur Verfügung stehende Bremsmoment durch Rekuperation, um die Verzögerung ohne Verwendung der Reibbremsen umsetzen zu können. Die Verwendung derselben Gütefunktion für Beschleunigungs- und Verzögerungsvorgänge kann bei Beschleunigung in Abhängigkeit des gewählten Endpunktes des Manövers zu einer anfänglich ausbleibenden Reaktion des Systems auf sich ändernde Randbedingungen der Fahrzeuglängsführung führen. Ein entsprechendes Verhalten ist für einen Fahrer nur schwer nachvollziehbar. Um dieses Verhalten abzufangen, kann der Diskretisierungsraum durch entsprechende Randbedingungen eingeschränkt werden. Dadurch werden aber auch die Freiheitsgrade der energiebasierten Optimierung beeinflusst. Daher wird für Beschleunigungsvorgänge ein anderer Ansatz gewählt, um die Geschwindigkeitsübergänge zu realisieren.

Für die Realisierung energetisch günstiger Beschleunigungsmanöver werden die Fahrwiderstände aufgrund der geschilderten Problematik als Optimierungskriterium nicht berücksichtigt. Im Fokus der Optimierung stehen die Verluste im elektrischen Antriebsstrang sowie die Anlehnung der Beschleunigungsmanöver an das von Fahrern bei manueller Fahrweise häufig gezeigte Verhalten. Die Häufigkeit der gemessenen Längsbeschleunigungen bei den Messfahrten der Probandenstudie, die in Kapitel 2.4 beschrieben wird, ist in Abbildung 18 dargestellt. Je dunkler ein Bereich darin abgebildet ist, desto häufiger sind Messpunkte mit entsprechender Längsbeschleunigung und Geschwindigkeit in den Datensätzen enthalten. Die Ausprägung des schwarz dargestellten Bereichs zeigt die häufige Verwendung moderater Längsbeschleunigungen. Ebenso ist eine abnehmende Höhe der Beschleunigung mit zunehmender Fahrzeuggeschwindigkeit erkennbar, obwohl entsprechende Leistungsreserven stärkere Beschleunigungen zulassen. Bei manueller Fahrweise ist darüber hinaus die von den Fahrern angeforderte Längsbeschleunigung häufig von der Geschwindigkeitsdifferenz zwischen aktueller und gewünschter Fahrzeuggeschwindigkeit abhängig.

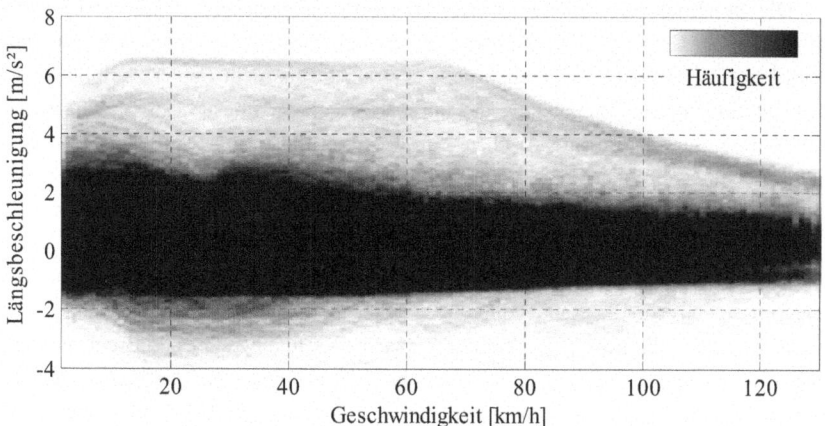

Abbildung 18: Häufigkeitsverteilung der gemessenen Längsbeschleunigungen

Die Strategie, die zur Realisierung von Beschleunigungsmanövern im Beschleunigungsregler implementiert ist, basiert neben dem Fahrerverhalten auch auf dem Wirkungsgrad im elektrischen Antriebsstrang. Dieser wird mithilfe der Fahrzeugmodells und dem darin enthaltenen Wirkungsgradkennfeld sowie dem Modell der Traktionsbatterie ermittelt. Aus den beiden Strategiekomponenten kann eine resultierende Längsbeschleunigung für jeden Betriebspunkt bestimmt werden. Zur Verwendung der Ergebnisse im Beschleunigungsregler sind die Beschleunigungswerte in Abhängigkeit der Fahrzeuggeschwindigkeit und der Geschwindigkeitsdifferenz zwischen aktueller und gewünschter Geschwindigkeit in einem Kennfeld abgelegt. Bei der Realisierung von Beschleunigungsvorgängen durch den Beschleunigungsregler werden damit sowohl die Fahrerakzeptanz als auch die Energieeffizienz adressiert. Abbildung 19 zeigt das im Beschleunigungsregler hinterlegte Kennfeld zur Umsetzung von Beschleunigungsvorgängen.

3.5 Elemente der automatisierten Fahrzeuglängsführung

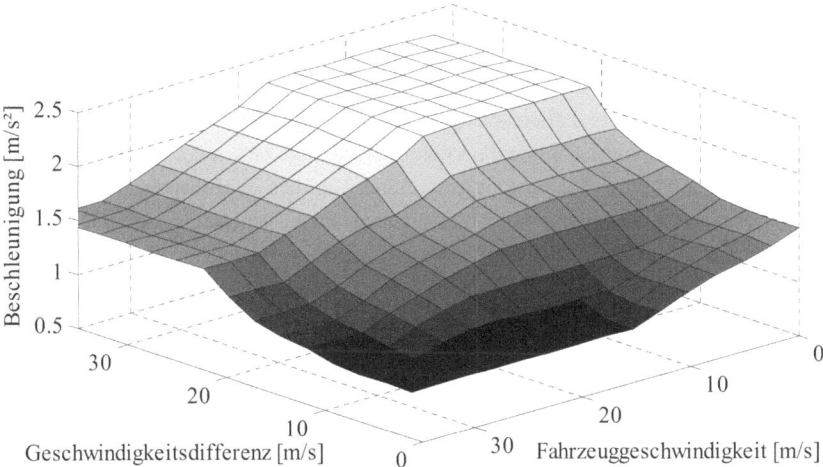

Abbildung 19: Kennfeld für Beschleunigungsvorgänge

3.5.4 Abstandsregelung[7]

Im Gegensatz zu einer Freifahrt wird bei einer Folgefahrt die Längsführung des Fahrzeugs zusätzlich zu den statischen Streckenmerkmalen durch ein vorausfahrendes Fahrzeug, das Zielfahrzeug, beeinflusst. Die Identifizierung einer entsprechenden Verkehrssituation aus den Eingangsinformationen erfordert eine für die Folgefahrt geeignete Anpassung der Fahrzeuggeschwindigkeit. Der dafür implementierte Teil der Fahrerassistenzfunktion hat die Aufgabe, einen geeigneten Abstand zum vorausfahrenden Fahrzeug einzuhalten und gleichzeitig die Ausprägung der dafür notwendigen Geschwindigkeitsänderungen energetisch möglichst günstig zu gestalten. Grundsätzlich sind die Freiheitsgrade der energetischen Optimierung der Längsführung während einer Folgefahrt aufgrund von Sicherheitsaspekten eingeschränkt [94]. Die Strategie zur Vermeidung unnötiger Beschleunigungsvorgänge kann jedoch auch während einer Folgefahrt durch geeignete Maßnahmen bei der Abstandsregelung adressiert werden. Die im Abstandsregler implementierten Maßnahmen werden im Folgenden beschrieben.

---

[7] Der Begriff der Abstandsregelung umfasst hier die gesamte Fahrzeuglängsführung während einer Folgefahrt durch geeignete Anpassung der Fahrzeuggeschwindigkeit.

In den meisten Verkehrssituationen ist das Geschwindigkeitsprofil vorausfahrender Fahrzeuge nicht konstant. Dies kann sowohl durch die Verkehrssituation als auch durch den Fahrer des vorausfahrenden Fahrzeugs motiviert sein. Im Sinne der energetischen Optimierung der Fahrzeuglängsführung während einer Folgefahrt und des Kriteriums der Kolonnenstabilität sind möglichst geringe Geschwindigkeitsanpassungen durch das Fahrerassistenzsystem zielführend. Um dies zu erreichen, wird der Abstand zu einem vorausfahrenden Fahrzeug dynamisch ausgenutzt. Bei einer Verzögerung des Zielfahrzeugs führt dies zu einer anfänglichen Verringerung des Abstands. Folgt der Verzögerung des Zielfahrzeugs unmittelbar eine Beschleunigungsphase, kann eine Anpassung der eigenen Fahrzeuggeschwindigkeit je nach Randbedingungen der Situation vermieden oder minimiert werden. Beschleunigt das Zielfahrzeug, wächst der Abstand anfänglich, um bei einer eventuellen sich unmittelbar anschließenden Verzögerung die Geschwindigkeitsanpassung gering halten zu können. Durch die Maßnahme einer dynamischen Abstandsausnutzung lassen sich Schwingungen des Geschwindigkeitsprofils des vorausfahrenden Fahrzeugs dämpfen und die Abbildung kurzfristiger Geschwindigkeitsschwankungen des Zielfahrzeugs vermeiden. Sie trägt dazu bei, unnötige Beschleunigungsvorgänge zu reduzieren und den Energiebedarf während einer Folgefahrt zu senken. Die erforderlichen Verzögerungen werden ohne Verwendung der Reibbremsen realisiert. Durch eine starke Abhängigkeit der Systemreaktion von der Relativgeschwindigkeit zum vorausfahrenden Fahrzeug kann so in vielen Fällen trotz begrenzter Rekuperationsleistung eine ausreichende Systemreaktion unter Beachtung der Sicherheitsrandbedingungen gewährleistet werden. Die theoretischen Gestaltungsmöglichkeiten der Längsführung während einer Folgefahrt nehmen mit steigendem Abstand zu. Gleichzeitig steigt die Wahrscheinlichkeit der Beeinflussung durch weitere Verkehrsteilnehmer. Die Nachvollziehbarkeit der automatisierten Längsführung für den Fahrer sinkt mit zunehmendem Abstand, weshalb der dynamischen Abstandsnutzung aus Gründen der Akzeptanz Grenzen gesetzt sind.

Der Stillstand des vorausfahrenden Fahrzeugs im Stop-and-go-Verkehr stellt einen Extremfall einer Geschwindigkeitsschwankung dar. Er bietet besonderes Potenzial zur Energieeinsparung, da sich durch eine Anpassung der Längsführung an einen Stillstand des Zielfahrzeugs bei kurzer Dauer des Stillstands, ausreichend Abstand und moderater Relativgeschwindigkeit ein Anfahrvorgang vermeiden lässt. Dies wirkt sich entsprechend positiv auf den Energiebedarf in dieser Fahrsituation aus. In Abbildung 20 ist die Häufigkeitsverteilung der Dauer der Stillstände von Zielfahrzeugen dargestellt. Diese basiert auf den Messdaten des Radarsensors und zeigt die Stillstandsdauer von Zielfahrzeugen ab dem Zeitpunkt, ab dem ein vorausfahrendes Fahrzeug relevant

3.5 Elemente der automatisierten Fahrzeuglängsführung

für die Längsführung ist und als Zielobjekt klassifiziert wird. Auffallend darin ist die Häufung in den Äquivalenzklassen, die kurze Stillstandszeiten repräsentieren. Das Potenzial zur Energieeinsparung durch eine vorausschauende Reaktion des Fahrerassistenzsystems, durch die der eigene Stillstand und damit ein Anfahrvorgang vermieden werden kann, leitet sich insbesondere aus der relativen Häufigkeit von 47 % ab, mit der Stillstände mit einer Dauer unter fünf Sekunden auftreten.

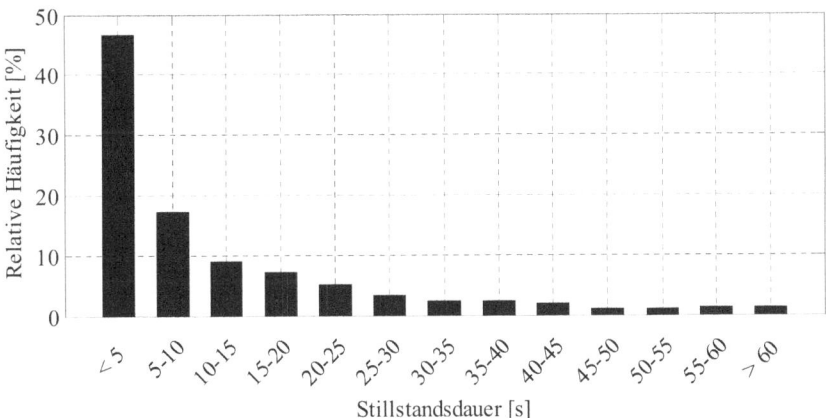

Abbildung 20: Häufigkeitsverteilung der Dauer der Stillstände der Zielfahrzeuge

3.5.5 Mensch-Maschine-Schnittstellen

Der Austausch von Informationen zwischen Fahrer und Fahrerassistenzsystem erfordert geeignete Mensch-Maschine-Schnittstellen. Die Ausprägung und der Umfang der Schnittstellen sind von der Funktion des Fahrerassistenzsystems abhängig. Für das in dieser Arbeit erarbeitete Fahrerassistenzsystem sind im Wesentlichen zwei Aspekte für die Ausprägung der Mensch-Maschine-Schnittstelle ausschlaggebend.

Die Fahrerassistenzfunktion erfordert Eingaben des Fahrers zur Aktivierung und Deaktivierung des Systems und zur Festlegung der vom Fahrer gewünschten Setzgeschwindigkeit. Für den Informationsaustausch von Fahrer zu Fahrerassistenzsystem stehen im Demonstratorfahrzeug ein Bedienfeld sowie das Gas- und Bremspedal zur Verfügung. Die entsprechenden Eingaben führen zu Zustandsübergängen in der Fahrerassistenzfunktion. Ein Ablaufschaubild der Systemaktivierung und die Bedingungen für die Zustandsübergänge sind in Abbildung 21 dargestellt.

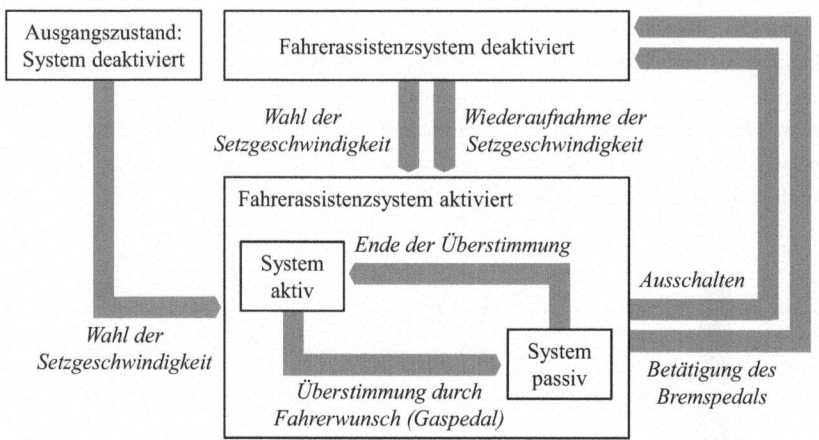

Abbildung 21: Ablaufschaubild der Systemaktivierung des Fahrerassistenzsystems

Der zweite Aspekt für die Ausprägung der Mensch-Maschine-Schnittstelle ist der Informationsfluss vom Fahrerassistenzsystem zum Fahrer. Die Rückmeldung relevanter Systeminformationen der automatisierten Längsführung trägt zur Steigerung der Fahrerakzeptanz bei. Die verschiedenen Systemreaktionen werden durch die Informationen für den Fahrer transparent und folglich nachvollziehbarer. Im Demonstratorfahrzeug werden die Systeminformationen dem Fahrer visuell und auditiv übermittelt. Zu den für den Fahrer relevanten Informationen gehören beispielsweise die aktuell gültige Geschwindigkeitsbegrenzung, die Art des nächsten für die Längsführung relevanten Ereignisses oder Warnungen bei kritischen Verkehrssituationen.

3.6 Demonstratorfahrzeug

Das Fahrerassistenzsystem ist prototypisch in einem Elektrofahrzeug implementiert, um den Effekt des Fahrerassistenzsystems auf die Reichweite eines Elektrofahrzeugs in Messfahrten unter realen Bedingungen quantifizieren zu können. Bei dem als Basis für die Umbauten verwendeten batterieelektrischen Fahrzeug handelt es sich um das in Kapitel 2.5.6 beschriebene Fahrzeug vom Typ Roadster des Herstellers Tesla Motors. Im Vergleich zum Basisfahrzeug sind im Demonstratorfahrzeug zusätzliche Komponenten installiert, die für die Realisierung des Fahrerassistenzsystems erforderlich sind [96]. Abbildung 22 liefert einen Überblick über die wesentlichen Zusatzkomponenten.

3.6 Demonstratorfahrzeug

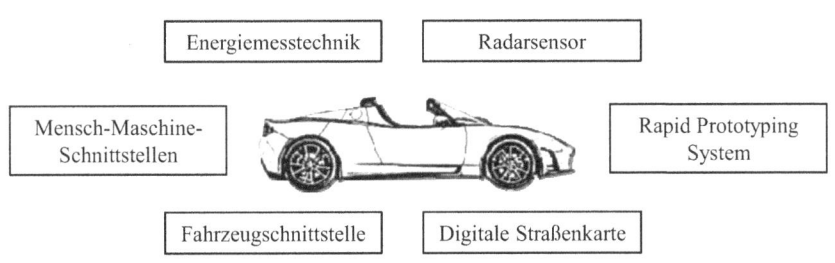

Abbildung 22: Zusätzliche Komponenten im Demonstratorfahrzeug nach [94]

Das zentrale Element des Fahrerassistenzsystems ist das echtzeitfähige Rapid-Prototyping-System, auf dem die Softwareumfänge implementiert sind, die die Fahrerassistenzfunktion enthalten. Es stellt ein leistungsfähiges Universalsteuergerät dar, das über eine Vielzahl von Hardwareschnittstellen verfügt und daher die Anforderungen für prototypische Anwendungen erfüllt. Die Fahrerassistenzfunktion ist über die Hardwareschnittstellen und die im ADAS Framework definierten Softwareschnittstellen, die in Kapitel 2.5.2 beschrieben werden, mit den anderen Komponenten vernetzt.

Über die Fahrzeugschnittstelle können Beschleunigungs- und Verzögerungsanforderungen an den elektrischen Antriebsstrang des Fahrzeugs übermittelt werden. Da das verwendete Basisfahrzeug keine entsprechende Schnittstelle bietet, ist im Demonstratorfahrzeug eine eigens für diesen Zweck entworfene, prototypische Fahrzeugschnittstelle installiert. Die Schnittstelle ist als elektronische Schaltung auf einer Platine umgesetzt und im Bereich des Armaturenbretts im Demonstratorfahrzeug verbaut.

Die digitale Straßenkarte enthält die statischen Streckenmerkmale und ist auf einem Car-PC installiert. In Verbindung mit verschiedenen Eingangsinformationen, wie GPS, Gierrate oder Fahrzeuggeschwindigkeit, wird aus den Daten ein elektronischer Horizont generiert, dessen Informationen über die entsprechende Schnittstelle an die Fahrerassistenzfunktion übermittelt werden. Der Radarsensor zur Erkennung vorausfahrender Fahrzeuge ist in der Fahrzeugfront verbaut und liefert die Objektinformationen, die für die Längsregelung erforderlich sind. Für den Informationsaustausch zwischen Fahrer und Fahrerassistenzsystem sind im Demonstratorfahrzeug ein Display, Lautsprecher und ein Bedienfeld mit Funktionstasten verbaut.

Die Quantifizierung des Effekts auf die Reichweite des Elektrofahrzeugs in Messfahrten unter realen Bedingungen setzt eine umfassende Energiemesstechnik voraus. Das Demonstratorfahrzeug ist diesen Anforderungen entsprechend ausgerüstet. Abbildung 23, Abbildung 24 und Abbildung 25 zeigen einige der im Demonstratorfahrzeug zusätzlich verbauten Komponenten und deren Einbauposition.

Abbildung 23: Hardwarekomponenten im Kofferraum des Demonstratorfahrzeugs

Abbildung 24: Radarsensor in Fahrzeugfront des Demonstratorfahrzeugs

Abbildung 25: Display und Bedienfeld im Demonstratorfahrzeug

3.7 Konzept zur Quantifizierung des Effektes auf die Reichweite

Das Konzept zur Quantifizierung des Effektes des Fahrerassistenzsystems auf die Reichweite des Demonstratorfahrzeugs stützt sich auf Messfahrten mit dem Fahrerassistenzsystem unter realen Bedingungen. Die Messdaten der in Kapitel 2.4 beschriebenen repräsentativen Probandenstudie liefern die Bezugsgrößen und dienen als Vergleichsbasis. Im Fokus der Betrachtung stehen dabei der Energiebedarf, der bei den einzelnen Probanden für den repräsentativen Rundkurs gemessen wurde und die daraus ermittelte theoretische Reichweite. Um die Nutzung der Messdaten aus der Probandenstudie als Vergleichsbasis zu legitimieren, ist das Untersuchungslayout für die Messfahrten mit dem Fahrerassistenzsystem an das Layout der repräsentativen Probandenstudie und an statistische Kriterien angepasst.

3.7.1 Untersuchungsplanung

Die sorgfältige Untersuchungsplanung stellt die Erreichung aussagekräftiger und statistisch signifikanter Ergebnisse sicher. Ausgangspunkt für die experimentellen Untersuchungen ist die Forschungshypothese, dass der Traktionsenergiebedarf des Demonstratorfahrzeugs bei Fahrten unter realen, repräsentativen Bedingungen durch die automatisierte Längsführung des Fahrerassistenzsystems im Durchschnitt niedriger ist als bei Fahrten mit manueller Längsführung. Mit dem Ergebnis der Potenzialanalyse in Kapitel 3.3.2 kann die Hypothese konkretisiert und eine operationale Hypothese abgeleitet werden, die einen im Durchschnitt um 10,4 % geringeren Traktionsenergiebedarf durch die automatisierte Längsführung voraussagt. Das statistische Hypothesenpaar lautet damit:

$$H_0: \mu_{man} - \mu_{FAS} \leq 0$$

$$H_1: \mu_{man} - \mu_{FAS} > 0$$

Darin ist μ_{man} der Populationsmittelwert der manuellen Fahrten und μ_{FAS} der Populationsmittelwert der Fahrten mit automatisierter Längsführung durch das Fahrerassistenzsystem. Durch die weitgehende Elimination der Fahrereinflüsse auf die Längsführung ist zu erwarten, dass die Varianz des gemessenen Energiebedarfs bei den Fahrten mit Fahrerassistenzsystem deutlich geringer ist als bei den manuellen Fahrten. Durch diese Varianzheterogenität werden bei der Schätzung der Effektgröße die erwartete Mittelwertdifferenz und die geschätzte Standardabweichung der Vergleichspopulation verwendet. Die Effektgrößenschätzung wird gemäß Gleichung (2.2) mit dem Mittelwert $\hat{\mu}_{man}$ und der Standardabweichung σ_{man} der Vergleichsfahrten sowie dem aufgrund der Potenzialanalyse zu erwartenden Mittelwert der Fahrten mit Fahrerassistenzsystem $\hat{\mu}_{FAS}$ zu $\hat{\delta} = 0{,}99$ berechnet. Dies entspricht nach [69] einem großen Effekt, für den aus Tabellen in [69] für eine Teststärke von $(1 - \beta) = 0{,}8$ und einem Signifikanzniveau von $\alpha = 0{,}01$ eine optimale Stichprobengröße von $n = 33$ folgt. Da die vorhandenen Messdaten der Vergleichsfahrten eine Stichprobengröße von $n = 42$ besitzen und diese größer als die hier bestimmte erforderliche Stichprobengröße ist, wird für die Quantifizierung des Effekts der automatisierten Längsführung durch das Fahrerassistenzsystem ebenfalls eine Stichprobengröße von $n = 42$ verwendet. Dadurch wird eine Verringerung der Teststärke durch ungleiche Stichprobengrößen vermieden [69]. Des Weiteren kann so von einer vergleichbaren Beeinflussung der Messfahrten und der Vergleichsfahrten durch Verkehr und Ampeln ausgegangen werden.

3.7.2 Randbedingungen der Untersuchungsdurchführung

Im Sinne bestmöglicher Vergleichbarkeit wird eine Vielzahl der Untersuchungsrandbedingungen der Vergleichsfahrten, die in Kapitel 2.4 beschrieben sind, in das Untersuchungslayout zur Quantifizierung des Effekts der automatisierten Längsführung übernommen. Grundlegend für die Vergleichbarkeit ist die Durchführung der Fahrten auf demselben Rundkurs in den gleichen Zeitfenstern. Ebenso ist vor Fahrtbeginn ein definierter Ausgangszustand des Fahrzeugs in Bezug auf Ausgangstemperatur der Komponenten, Gesamtgewicht, Reifendruck und Zustände von Fenster und Verdeck herzustellen, der den definierten Randbedingungen der Vergleichsfahrten entspricht.

Aufgrund der in Kapitel 3.4.1 beschriebenen Einschränkungen des prototypisch implementierten Fahrerassistenzsystems im Demonstratorfahrzeug ist eine vollständig automatisierte Fahrzeuglängsführung auf dem für die Messfahrten verwendeten Rundkurs nicht möglich. Das Ziel bei der Durchführung der Messfahrten ist es, einen größtmöglichen Streckenanteil zu erreichen, auf dem das Fahrerassistenzsystem die Fahrzeuglängsführung automatisiert durchführt, und dadurch Einflüsse des Fahrers weitestgehend zu eliminieren. Durch eine während der gesamten Messfahrten konstante Setzgeschwindigkeit, die über der maximal zulässigen Höchstgeschwindigkeit auf dem Rundkurs liegt, wird die Sollgeschwindigkeit für die automatisierte Längsführung nur von statischen Streckenmerkmalen und vorausfahrenden Fahrzeugen beeinflusst. Der Fahrereinfluss durch Wahl der Setzgeschwindigkeit entfällt und die Voraussetzungen

3.8 Theoretischer Ansatz zur Systemadaption

für das Fahrerassistenzsystem sind bei allen Fahrten identisch. Dies entspricht im Sinne des Energiebedarfs einem Worst Case, da die Möglichkeit einer geringeren Sollgeschwindigkeit durch die Wahl einer geringeren Setzgeschwindigkeit ausgeblendet wird. Ebenso fließen fahrerindividuelle Einflüsse auf den Energiebedarf von Nebenverbrauchern durch die Betrachtung des Traktionsenergiebedarfs nicht in die Untersuchung ein.

Das Untersuchungslayout legitimiert auch Annahmen, die bei der Modellierung der Komponenten getroffen werden. Das in Kapitel 3.2.1 beschriebene Minimalmodell der Batterie vernachlässigt Einflüsse auf den Innenwiderstand der Traktionsbatterie durch Alterung, Ladezustand und Temperatur. Durch die geringe Anzahl an Ladezyklen der Traktionsbatterie des Demonstratorfahrzeugs im Verlauf der Messfahrten und im Zeitraum zwischen den Mess- und Vergleichsfahrten kann die damit verbundene Alterung der Batterie und die damit einhergehenden Änderung des Innenwiderstands vernachlässigt werden [23]. Die Einflüsse durch die kalendarische Alterung der Batterie sind durch die Betrachtung kurzer Zeiträume und die Lagerung des Fahrzeugs unter günstigen Bedingungen für die Messfahrten ebenfalls unwesentlich [23]. Darüber hinaus ist die Anordnung der Zellen in der Traktionsbatterie des Demonstratorfahrzeugs einer geringen Alterung zuträglich [23]. Die Abhängigkeiten des Innenwiderstands vom Ladezustand der Batterie können durch die Vermeidung niedriger Ladezustände während der Messfahrten vernachlässigt werden [90]. Durch die Lagerung des Fahrzeugs unter günstigen Bedingungen ist die Traktionsbatterie bei Fahrtbeginn stets thermisch vorkonditioniert. Niedrige Temperaturen, die den Innenwiderstand der Batterie stark beeinflussen, werden dadurch vermieden, was die entsprechende Modellierung dieses Verhaltens im Batteriemodell für diesen Anwendungszweck überflüssig macht [90]. Die Batteriekonditionierung im Fahrzeug stellt die Einhaltung eines geeigneten Temperaturbereichs der Batterie im Betrieb sicher.

3.8 Theoretischer Ansatz zur Systemadaption

Die Wirksamkeit der automatisierten Längsführung zur Vergrößerung der Reichweite eines Elektrofahrzeugs ist abhängig vom Nutzungsanteil [87]. Je größer der Streckenanteil ist, der mit automatisierter Längsführung zurückgelegt wird, desto größer ist das Potenzial des Fahrerassistenzsystems, die Reichweite des Fahrzeugs zu vergrößern. Dabei spielt die Fahrerakzeptanz eine entscheidende Rolle [87]. Neben Maßnahmen, die zur Nachvollziehbarkeit der Systemreaktionen beitragen, beispielsweise die Visualisierung aktueller Systeminformationen, kann zur Steigerung der Fahrerakzeptanz zusätzlich das Systemverhalten an den jeweiligen Fahrertyp angepasst werden. Dementsprechende Anpassungen stellen einen Kompromiss zwischen Fahrerakzeptanz und energieeffizienter Fahrzeuglängsregelung dar. Dieses Kapitel stellt einen theoretischen Ansatz zur automatischen Anpassung des Systemverhaltens vor, der die Erhöhung der Fahrerakzeptanz zum Ziel hat.

Die objektive und automatische Klassifizierung des Fahrstils ist Voraussetzung für die Anpassung des Systemverhaltens an den jeweiligen Fahrer. Diese basiert auf Messdaten, die während der Fahrt aufgenommen und ausgewertet werden [97]. Die objektive Klassifizierung von Fahrertypen anhand von Messdaten wird beispielsweise in [98] oder [99] beschrieben und verwendet. Von Bedeutung für die Klassifizierung sind alle Informationen, die die manuelle Fahrzeuglängsführung des Fahrers charakterisieren. Die in dem hier vorgestellten Ansatz verwendeten Größen sind:

- Längs- und Querbeschleunigungen
- Abstandsverhalten des Fahrers zu vorausfahrenden Fahrzeugen
- gefahrene Geschwindigkeit in Relation zu geltenden Geschwindigkeitsbegrenzungen

Für die Adaption des Systemverhaltens eines Fahrerassistenzsystems, das die Fahrzeuglängsführung automatisiert durchführt, können diese Größen nur bei deaktiviertem System erfasst und ausgewertet werden. Bei aktiviertem System und automatisiert durchgeführter Fahrzeuglängsführung kann die Zufriedenheit des Fahrers mit der Längsführung nur anhand nicht sicherheitsrelevanter Fahrereingriffe evaluiert werden. Beispielsweise kann häufiges Übersteuern der automatisierten Längsführung mit dem Gaspedal als Hinweis dafür gewertet werden, dass die Längsführung für diesen Fahrer zu wenig Dynamik besitzt. Das Übersteuern des Fahrers führt meist zu einem deutlich höheren Energiebedarf in der jeweiligen Verkehrssituation. Häufiges Eingreifen des Fahrers über das Bremspedal in Situationen, die keinen sicherheitsrelevanten Eingriff erfordern, kann als Zeichen zu dynamischer Längsführung für den Fahrer interpretiert werden.

Auf Basis der Fahrerklassifizierung kann eine Zuordnung der Fahrstile zu Parametersätzen der Regelung erfolgen. Die Parametersätze enthalten entsprechend angepasste Regelparameter zur Adaption der automatisierten Längsführung. Durch Verwendung eines modifizierten Kennfeldes für Beschleunigungen können diese an den jeweiligen Fahrertyp angepasst werden. Dadurch lassen sich die Beschleunigungen dynamischer gestalten oder im Falle eines gelassenen Fahrers die Verluste im elektrischen Antriebsstrang noch weiter minimieren. In Abhängigkeit des Abstandsverhal-

3.8 Theoretischer Ansatz zur Systemadaption

tens des Fahrers bei manueller Fahrzeuglängsführung kann die automatisierte Längsführung während Folgefahrten beeinflusst werden. Bei gelassenen Fahrern kann der Abstand zum vorausfahrenden Fahrzeug vergrößert werden. Dadurch steigt das Potenzial zur energieeffizienten Gestaltung der Längsführung, da Stillstände eher vermieden werden können und das Geschwindigkeitsprofil des vorausfahrenden Fahrzeugs stärker gedämpft werden kann. Die Ergebnisse der Fahrerklassifizierung dienen auch zur Anpassung der Eingriffszeitpunkte für Geschwindigkeitsübergänge. Diese Adaptionsstrategie beruht auf der Annahme, dass gelassene Fahrer eine frühere Systemreaktion bei Geschwindigkeitsübergängen akzeptieren als dynamische Fahrer. Bei Geschwindigkeitsübergängen mit negativer Beschleunigung führt ein früherer Eingriffszeitpunkt zu geringeren Durchschnittsgeschwindigkeiten in dieser Verkehrssituation. Gleichzeitig können dadurch die eingesetzte Traktionsenergie sowie die Verluste durch Fahrwiderstände und im elektrischen Antriebsstrang reduziert werden. Abbildung 26 zeigt den simulierten Geschwindigkeitsverlauf eines ereignisbedingten Geschwindigkeitsübergangs von 100 km/h auf 50 km/h für einen dynamischen und einen undynamischen Parametersatz.

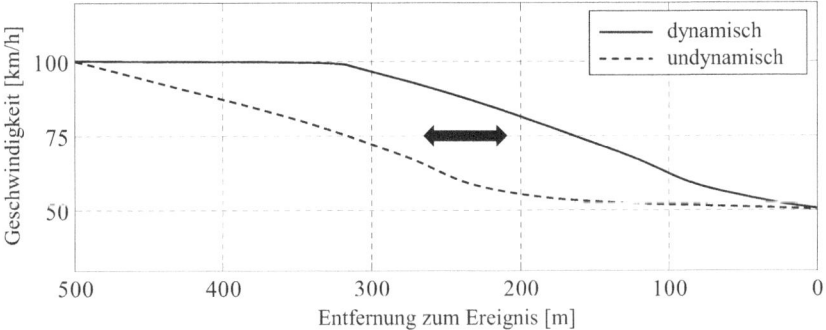

Abbildung 26: Verschiebung des Eingriffszeitpunkts

4 Auswertung und Quantifizierung

Zur Quantifizierung des Effekts auf die Reichweite eines batterieelektrischen Fahrzeugs, der mit dem in Kapitel 3 beschriebenen Fahrerassistenzsystem erreicht wird, wurden experimentelle Untersuchungen in Form von Messfahrten durchgeführt. Dieses Kapitel beinhaltet die Auswertung der Ergebnisse, die dabei erzielt wurden. Die Ergebnisse der Fahrten mit Fahrerassistenzsystem (FAS) werden in Relation zu den in Kapitel 2.4 beschriebenen Vergleichsfahrten gesetzt, um den Effekt zu quantifizieren. Die Aussagekraft der erzielten Ergebnisse wird durch die statistische Auswertung der experimentellen Untersuchung eruiert.

4.1 Ergebnisse der Messungen

In den nachfolgenden Unterkapiteln sind die relevanten Ergebnisse dargestellt, die aus den Messdaten extrahiert wurden. Die Gliederung erfolgt nach der betrachteten Größe, die im jeweiligen Unterkapitel im Fokus der Auswertung steht. Die Unterkapitel enthalten aber auch Untersuchungen weiterer Größen, die zur Interpretation der Ergebnisse der im Fokus stehenden Größe relevant sind.

4.1.1 Streckenanteil mit automatisierter Längsführung

Eine wichtige Grundlage für die Interpretation der Ergebnisse ist der Streckenanteil, der während der Messfahrten mit dem Fahrerassistenzsystem mit automatisierter Längsführung zurückgelegt wurde. Dieser Streckenanteil ist in Abbildung 27 für die einzelnen Fahrten prozentual an der Gesamtstrecke von 60 km dargestellt. Die geringfügigen Schwankungen zwischen den Anteilen resultieren aus der fluktuierenden Beeinflussung der Längsführung durch Verkehrssituationen, die aufgrund der in Kapitel 3.4.1 beschriebenen Einschränkungen des prototypischen Fahrerassistenzsystems einen Eingriff des Fahrers erfordern. Die Querführung eines Fahrzeugs kann die Verkehrssituation beeinflussen, die für die Längsführung relevant ist, etwa auf mehrspurigen Fahrbahnen durch Wahl des Fahrstreifens. Die Fahrzeugquerführung kann daher auch Auswirkungen auf die Längsführung haben. Der bei den Messfahrten mit dem Fahrerassistenzsystem erreichte durchschnittlichen Streckenanteil von 97 %, der mit automatisierter Längsführung zurückgelegt wurde, stellt dennoch eine weitgehende Eliminierung der Fahrereinflüsse auf die Längsführung sicher. Für die weitere Auswertung wird aufgrund dieses Ergebnisses der Fahrereinfluss vernachlässigt.

78   4 Auswertung und Quantifizierung

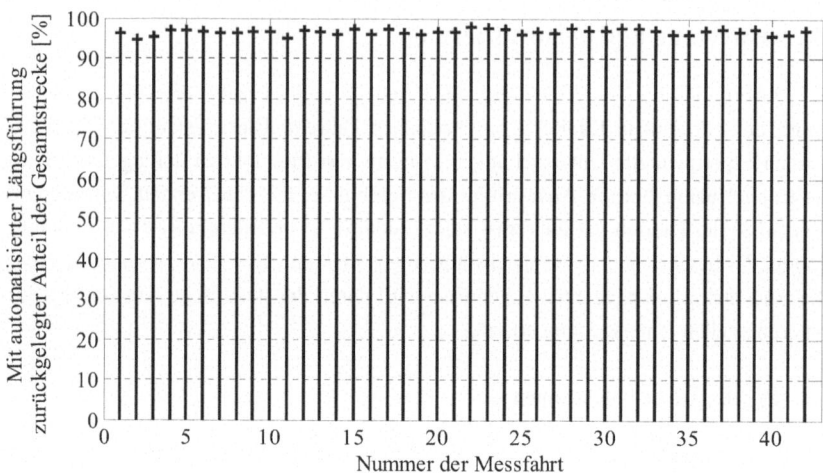

Abbildung 27: Mit automatisierter Längsführung zurückgelegte Streckenanteile

4.1.2 Durchschnittsgeschwindigkeit

Die mittlere Durchschnittsgeschwindigkeit, die bei den Fahrten mit Fahrerassistenzsystem und den Vergleichsfahrten erzielt wurde, ist eine substanzielle Größe zur Bewertung der Ergebnisse. Eine signifikante Differenz der Durchschnittsgeschwindigkeiten von zu vergleichenden Studien erschwert einen energetischen Vergleich. Zusätzlich ist davon auszugehen, dass starke Abweichungen bei der Durchschnittsgeschwindigkeit zwischen automatisierter und manueller Fahrzeuglängsführung der Akzeptanz der Fahrer gegenüber dem Fahrerassistenzsystem abträglich sind. In Abbildung 28 sind die mittleren Durchschnittsgeschwindigkeiten der Fahrten mit Fahrerassistenzsystem und der Vergleichsfahrten dargestellt. Diese sind nahezu identisch, sodass diesbezüglich von einer guten Vergleichbarkeit ausgegangen werden kann.

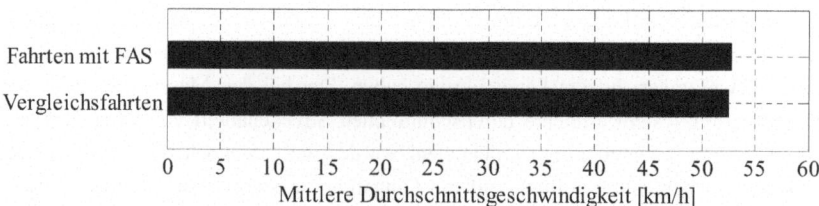

Abbildung 28: Vergleich der erzielten mittleren Durchschnittsgeschwindigkeiten

4.1 Ergebnisse der Messungen

Die Verteilung der erzielten Durchschnittsgeschwindigkeiten in Abbildung 29 zeigt eine deutlich geringere Streuung der Werte bei den Fahrten mit Fahrerassistenzsystem. Dies wird auch bei der Gegenüberstellung der Standardabweichungen deutlich, die für die Fahrten mit Fahrerassistenzsystem $\sigma_{\emptyset v, FAS} = 2{,}3\ km/h$ und für die Vergleichsfahrten $\sigma_{\emptyset v, Vergleich} = 4{,}5\ km/h$ beträgt. Die Ursache dieser Differenz ist mit dem fehlenden Fahrereinfluss zu erklären. Die Streuung der Durchschnittsgeschwindigkeiten bei den Fahrten mit Fahrerassistenzsystem entspricht damit der Streuung, die durch die Beeinflussung der Fahrzeuglängsführung durch Verkehr und Ampeln entsteht. Diese ist aufgrund des diesbezüglich identischen Untersuchungslayouts bei den Mess- und den Vergleichsfahrten als vergleichbar anzunehmen. 71 % der erzielten Durchschnittsgeschwindigkeiten mit manueller Längsführung bei den Vergleichsfahrten liegen innerhalb des Bereichs der mit automatisierter Längsführung erzielten Durchschnittsgeschwindigkeiten. 12 % der Fahrer haben bei manueller Längsführung eine höhere Durchschnittsgeschwindigkeit erzielt, 17 % der Fahrer eine geringere. Der Median der Durchschnittsgeschwindigkeiten ist bei den Mess- und Vergleichsfahrten, wie die mittlere Durchschnittsgeschwindigkeit, nahezu identisch.

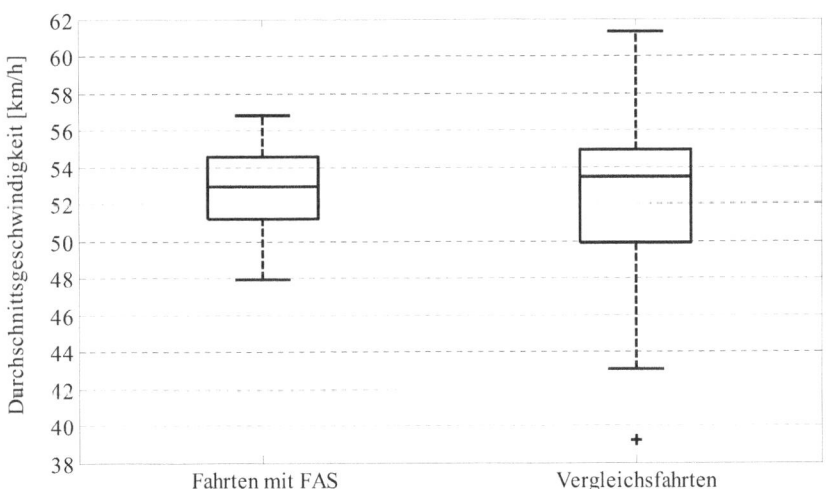

Abbildung 29: Box-Whisker-Plot der erzielten Durchschnittsgeschwindigkeiten

4.1.3 Traktionsenergie

Die Traktionsenergie ist die zentrale Größe zur Quantifizierung des Effekts der automatisierten Längsführung durch das Fahrerassistenzsystem auf den Energiebedarf des Demonstratorfahrzeugs. In Abbildung 30 ist der mittlere Traktionsenergiebedarf der Fahrten dargestellt. Dieser liegt für die Fahrten mit Fahrerassistenzsystem 6,6 % unter dem mittleren Traktionsenergiebedarf der Vergleichsfahrten.

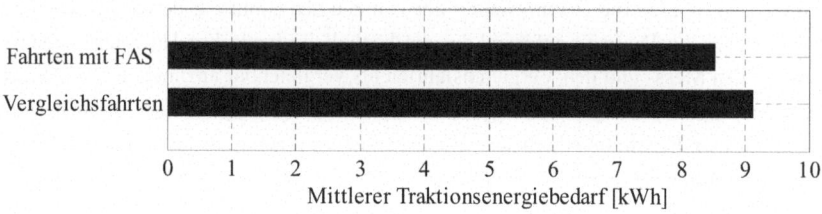

Abbildung 30: Mittlerer Traktionsenergiebedarf der Mess- und Vergleichsfahrten

Für die weitere Auswertung des Traktionsenergiebedarfs sind in Abbildung 31 Box-Whisker-Plots dargestellt, die in drei Abbildungsteile untergliedert sind. Sie zeigen in a) die Wertebereiche des Traktionsenergiebedarfs, der in den einzelnen Fahrten mit Fahrerassistenzsystem und in den Vergleichsfahrten gemessen wurde. In b) sind die Wertebereiche der während der Fahrten für den Antrieb eingesetzten Energie dargestellt. Teil c) zeigt die Verteilung der Energiebeträge, die bei den Mess- und Vergleichsfahrten rekuperiert wurden.

In allen Abbildungsteilen ist, wie bei den Durchschnittsgeschwindigkeiten in Abbildung 29, die bei den Fahrten mit Fahrerassistenzsystem geringere Streuung der Werte im Vergleich zu den Vergleichsfahrten erkennbar. Dieser Effekt ist erneut durch den fehlenden Fahrereinfluss erklärbar. Die Spannweite des gemessenen Traktionsenergiebedarfs in Abbildung 31 a) ist bei den Vergleichsfahrten, auch ohne Berücksichtigung einzelner Extremwerte, etwa drei Mal so groß wie bei den Fahrten mit automatisierter Längsführung. Unter Voraussetzung der in Kapitel 4.1.1 getroffenen Annahme ist die Spannweite der Werte bei den Fahrten mit Fahrerassistenzsystem ausschließlich auf Einflüsse durch Verkehr und Ampeln zurückzuführen.

Die Betrachtung der im Mittel benötigten Traktionsenergie bei den Mess- und Vergleichsfahrten wird durch einzelne Extremwerte bei den Vergleichsfahrten beeinflusst. Während in Abbildung 31 a) bei den Fahrten mit Fahrerassistenzsystem der Median und der Mittelwert der benötigten Traktionsenergie nahezu identisch sind, ist

4.1 Ergebnisse der Messungen

der Mittelwert bei den Vergleichsfahrten größer als der Median. Die Durchschnittsgeschwindigkeit der drei Vergleichsfahrten mit hohem Traktionsenergiebedarf, die in Abbildung 31 a) als Ausreißer dargestellt sind, liegt innerhalb beziehungsweise unterhalb des Bereiches der Durchschnittsgeschwindigkeiten, die mit automatisierter Längsführung erreicht werden. Der hohe Traktionsenergiebedarf der drei Vergleichsfahrten ist auf eine besonders ineffiziente Fahrweise und eine starke Beeinflussung der Längsführung durch Verkehr zurückzuführen. Die Wirkung der Strategien, die in der automatisierten Längsführung implementiert sind, kommt bei einer ineffizienten Fahrweise besonders zum Tragen und führt, wie in diesen drei Fällen, zu einer starken Reduzierung des Traktionsenergiebedarfs. Diese ist auf das Kernpotenzial der automatisierten Längsführung zurückzuführen, das auf der Ineffizienz der menschlichen Fahrweise beruht. Der Vergleich der im Mittel benötigten Traktionsenergie ist daher dennoch aussagekräftig.

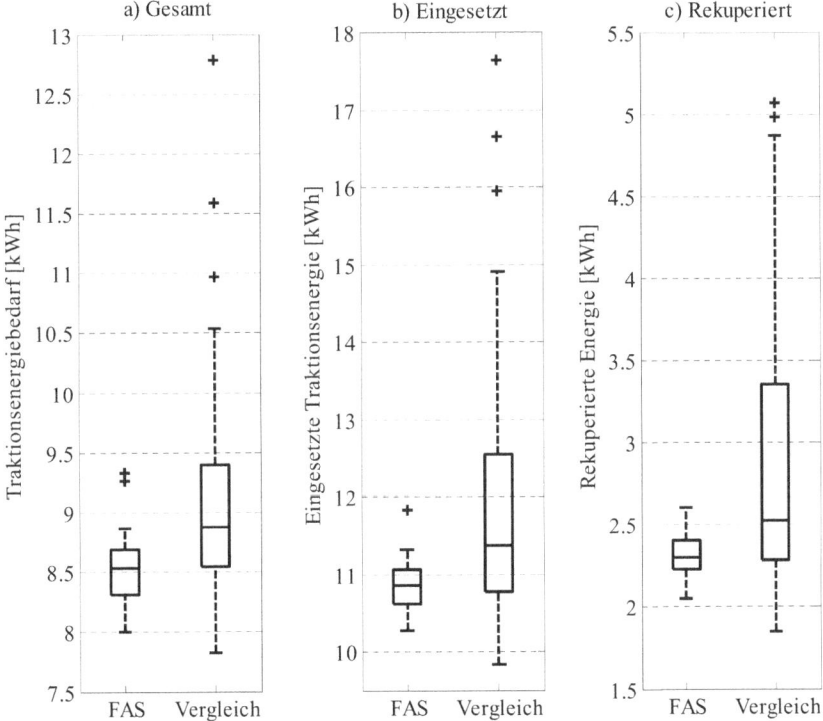

Abbildung 31: Box-Whisker-Plots der gemessenen Traktionsenergie

In Abbildung 31 b) sind die Box-Whisker-Plots der eingesetzten Traktionsenergie dargestellt. Unter der eingesetzten Traktionsenergie wird hier die Energie verstanden, die während einer Fahrt für den Antrieb des Fahrzeugs eingesetzt wird und positiv in die Traktionsenergiebilanz eingeht. Es ist zu erkennen, dass durch manuelle Fahrzeuglängsführung bei etwa 50 % der Vergleichsfahrten dem Energiespeicher mehr Energie für den Antrieb des Fahrzeugs entnommen wird als durch die automatisierte Längsführung bei den Fahrten mit Fahrerassistenzsystem. Die Streuung der eingesetzten Traktionsenergie ist bei den Vergleichsfahrten mit einer Standardabweichung von $\sigma_{E_{Trak-pos},Vergleich} = 1{,}8\ kWh$ im Vergleich zu den Fahrten mit Fahrerassistenzsystem mit $\sigma_{E_{Trak-pos},FAS} = 0{,}3\ kWh$ sehr hoch.

Die Auswertung der Ergebnisse zur rekuperierten Energie, die in Abbildung 31 c) dargestellt sind, zeigt neben den bekannten Streuungsunterschieden zwischen Mess- und Vergleichsfahrten, dass in wiederum etwa 50 % der Vergleichsfahrten mehr Energie rekuperiert wird als bei den Fahrten mit automatisierter Längsführung. Die rekuperierte Energie ist die Energie, die durch Verwendung der elektrischen Maschine im Generatorbetrieb wieder in den Energiespeicher zurückgespeist wird und negativ in die Traktionsenergiebilanz eingeht. Für die korrekte Deutung dieses Ergebnisses müssen die in Abbildung 31 b) und Abbildung 31 c) dargestellten Größen zusammen betrachtet werden. Zwischen der eingesetzten Traktionsenergie und der rekuperierten Energie besteht eine Korrelation, die nach Berechnung einer Ausgleichsgerade einen näherungsweise linearen Charakter besitzt. Abbildung 32 zeigt den Zusammenhang der beiden Größen. Daraus ist zu entnehmen, dass mit steigendem Betrag der eingesetzten Traktionsenergie auch der Betrag der rekuperierten Energie zunimmt. Da die Steigung der Ausgleichsgeraden sowohl für die Fahrten mit Fahrerassistenzsystem als auch für die Vergleichsfahrten kleiner 1 ist, bedeutet ein größerer Betrag an eingesetzter Traktionsenergie auch eine insgesamt schlechtere Traktionsenergiebilanz, was durch steigende Wirkungsgradverluste im Antriebsstrang und durch höhere Fahrwiderstände zu erklären ist. Mit zunehmender Ineffizienz einer Fahrweise nehmen der Betrag der eingesetzten Traktionsenergie und damit auch die insgesamt benötigte Traktionsenergie zu. Der aus Abbildung 31 b) zu entnehmende geringere Betrag an eingesetzter Traktionsenergie bei den Fahrten mit automatisierter Längsführung zeigt die Wirksamkeit der im Fahrerassistenzsystem implementierten Strategien für eine energieeffiziente Fahrzeuglängsführung. In Kombination mit dem in Abbildung 32 gefundenen Zusammenhang lässt sich insbesondere die erfolgreiche Reduzierung oder Vermeidung unnötiger Beschleunigungsvorgänge durch das Fahrerassistenzsystem ableiten.

4.1 Ergebnisse der Messungen 83

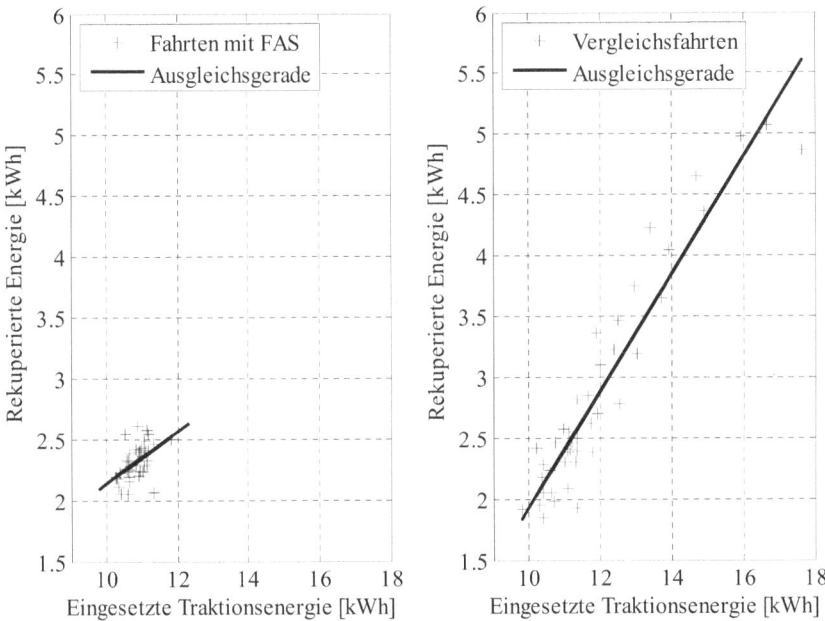

Abbildung 32: Zusammenhang zwischen eingesetzter und rekuperierter Energie

In Abbildung 32 ist eine Steigungsdifferenz der Ausgleichsgeraden zwischen den Fahrten mit Fahrerassistenzsystem und den Vergleichsfahrten zu erkennen. Diese erscheint auch in Verbindung mit der Darstellung des Traktionsenergiebedarfs in Abhängigkeit der eingesetzten Traktionsenergie in Abbildung 34 plausibel. Die Aussage dieser Steigungsdifferenz ist, dass mit zunehmender, eingesetzter Traktionsenergie der Betrag der rekuperierten Energie bei den Fahrten mit Fahrerassistenzsystem langsamer steigt als bei den Vergleichsfahrten. Aufgrund der Lage der beiden Ausgleichsgeraden führt dies theoretisch ab einem Betrag von circa 11 kWh eingesetzter Traktionsenergie zu einem geringeren Betrag an rekuperierter Energie bei den Fahrten mit Fahrerassistenzsystem und umgekehrt. Die Spannweite der Messwerte der eingesetzten Traktionsenergie bei den Fahrten mit automatisierter Längsführung ist relativ zu den Vergleichsfahrten gering, sodass eine Extrapolation dieses Zusammenhangs über den Betrag von 12 kWh hinaus von theoretischer Natur ist. Die Messwerte der drei Fahrten mit automatisierter Längsführung, bei denen über 11,2 kWh Traktionsenergie eingesetzt wurde, lassen keinen Schluss auf einen geringeren Betrag an rekuperierter Energie im Vergleich zu den Vergleichsfahrten zu. Es ist wahrscheinlich, dass die Ursache der Schwankungen bei der eingesetzten Traktionsenergie die Steigungen der Ausgleichsgeraden beeinflusst. Wie bereits zuvor festgestellt, beruht die Spannweite der Messwerte bei Fahrten mit dem Fahrerassistenzsystem auf Einflüssen durch Verkehr und Ampeln. Zusätzlich zu diesen Einflüssen wird der Betrag der eingesetzten Energie bei den Vergleichsfahrten von der Fahrweise des Fahrers mitbestimmt, was zu einer etwa vier Mal so großen Spannweite der Beträge der eingesetzten Traktionsenergie führt. In Abbildung 33 ist der Zusammenhang zwischen eingesetzter Traktionsenergie und den Verlusten, die während der Fahrt durch Roll- und Luftwiderstand entstehen, dargestellt. Daraus ist ersichtlich, dass die automatisierte Längsführung häufig zu einer Reduzierung der Verluste durch Fahrwiderstände gegenüber den Vergleichsfahrten führt, ohne Einbußen bei der im Mittel erreichten Durchschnittsgeschwindigkeit.

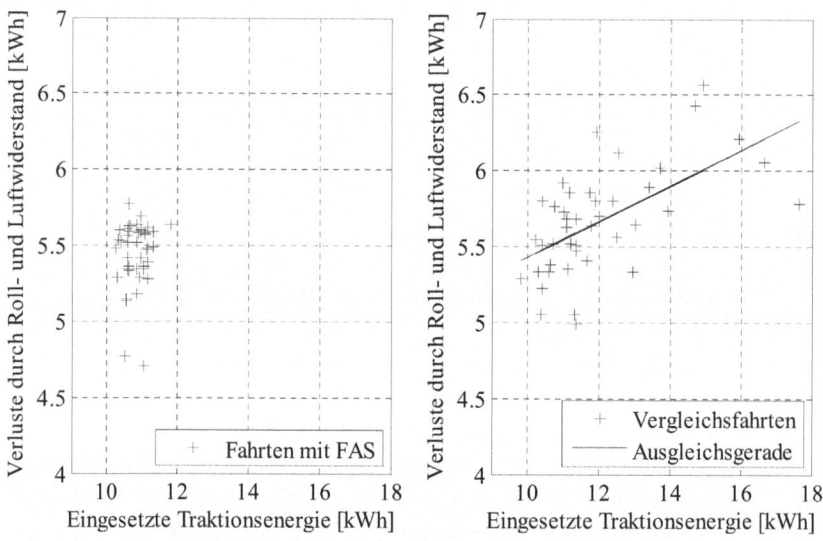

Abbildung 33: Verluste durch Roll- und Luftwiderstand

Die in Abbildung 33 enthaltenen Werte der Fahrwiderstandsverluste stützen sich auf Berechnungen, die auf dem Fahrzeugmodell basieren, das in Kapitel 3.2.1 beschrieben ist. Auch der zusätzliche Vergleich dieser Werte mit den Ergebnissen zur streckenbezogenen Energieaufteilung im Gesamtfahrzeug aus [32] lassen diese plausibel erscheinen. Die Zunahme der entstandenen Verluste durch Roll- und Luftwiderstand mit steigendem Betrag an eingesetzter Traktionsenergie bei den Ver-

4.1 Ergebnisse der Messungen

gleichsfahrten lässt auf eine ungleichmäßige Fahrweise schließen. Durch zusätzliche, vermeidbare Beschleunigungs- und Verzögerungsvorgänge wird mehr Traktionsenergie eingesetzt. Auch bei gleicher Durchschnittsgeschwindigkeit nehmen die Verluste bei einer ungleichmäßigen Fahrweise durch Roll- und Luftwiderstand aufgrund der insbesondere beim Luftwiderstand nichtlinearen Abhängigkeit von der Geschwindigkeit zu. Gleichzeitig steigt auch der Betrag der Energie, die rekuperiert werden kann. Dieser Effekt spiegelt sich in der Steigung des in Abbildung 32 dargestellten Zusammenhangs zwischen eingesetzter Traktionsenergie und rekuperierter Energie für die Vergleichsfahrten wider. Die verkehrs- und ampelbedingten Schwankungen der eingesetzten Traktionsenergie bei Fahrten mit Fahrerassistenzsystem lassen dagegen keine Abhängigkeit der Fahrwiderstandsverluste vom Betrag der eingesetzten Traktionsenergie erkennen. Aus den beschriebenen Zusammenhängen kann abgeleitet werden, dass der Steigungsunterschied zwischen den Ausgleichsgeraden in Abbildung 32 auf den Einfluss des Fahrers und die Ineffizienz seiner Fahrweise zurückzuführen ist.

In Abbildung 34 ist der Zusammenhang zwischen der eingesetzten Traktionsenergie und der insgesamt benötigten Traktionsenergie dargestellt.

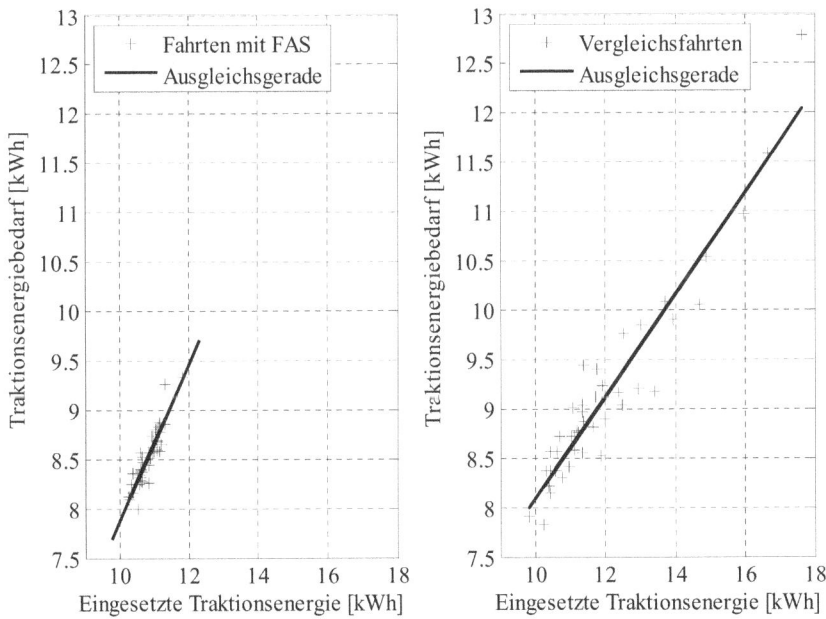

Abbildung 34: Darstellung der benötigten und der eingesetzten Traktionsenergie

Die diskutierte Steigungsdifferenz der Ausgleichsgeraden in Abbildung 32 zeigt sich in Abbildung 34 in umgekehrter Ausprägung. Die bereits zuvor getroffene Aussage, dass ein geringerer Betrag an eingesetzter Traktionsenergie auch zu einem geringeren Traktionsenergiebedarf führt, ist hier anschaulich abgebildet. In etwa 50 % der Fahrten führt die automatisierte Fahrzeuglängsregelung im Vergleich zu den Vergleichsfahrten zu geringeren Verlusten im elektrischen Antriebsstrang und zu geringeren Verlusten durch Roll- und Luftwiderstand.

Die statistische Untersuchungsplanung beruht auf dem Traktionsenergiebedarf als zentrale Größe zur Quantifizierung des Effekts des Fahrerassistenzsystems. Zur Prüfung der vorausgesetzten Merkmalseigenschaften wird in Abbildung 35 die Verteilung der in den Mess- und Vergleichsfahrten benötigten Traktionsenergie durch Histogramme dargestellt.

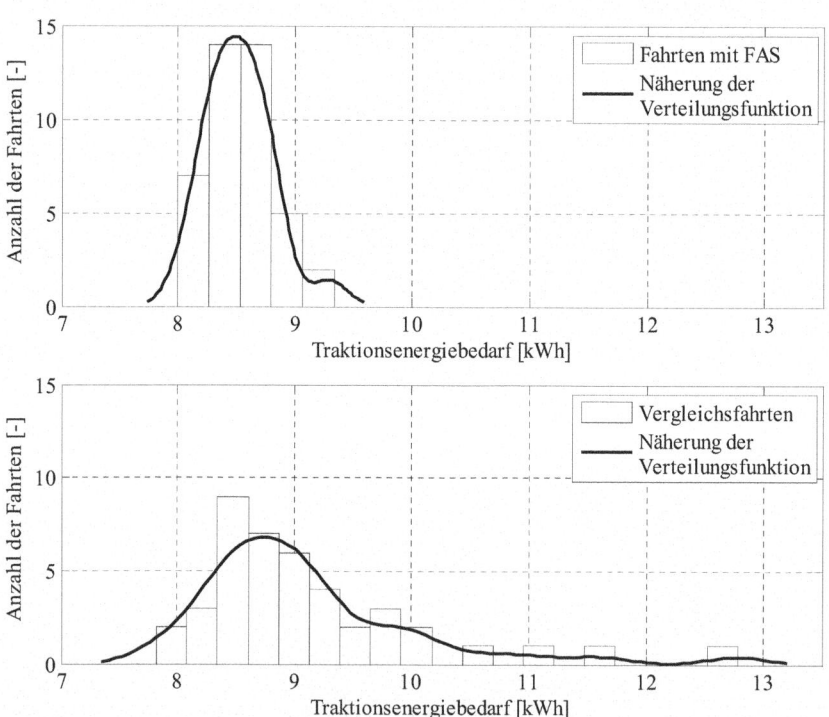

Abbildung 35: Histogramme des gemessenen Traktionsenergiebedarfs

4.1 Ergebnisse der Messungen

Dem in Kapitel 3.7 beschriebenen Konzept liegt zur statistischen Überprüfung der Ergebnisse der t-Test zugrunde. Dieser erfordert normalverteilte Populationen. Nach [70] ist eine rudimentäre, deskriptive Kontrolle dieses Merkmals ausreichend. Aufgrund der näherungsweise ermittelten Verteilungsfunktion auf Basis der Histogramme kann auf eine ungefähre Normalverteilung des betrachteten Merkmals in den Populationen geschlossen werden. Die in Abbildung 35 erkennbaren heterogenen Streuungen des gemessenen Traktionsenergiebedarfs bei den Mess- und den Vergleichsfahrten wird durch die Standardabweichungen quantifizierbar. Für die Fahrten mit Fahrerassistenzsystem beträgt diese $\sigma_{E_{Trak},FAS} = 0{,}28\ kWh$, für die Vergleichsfahrten beträgt die Standardabweichung $\sigma_{E_{Trak},Vergleich} = 0{,}97\ kWh$.

4.1.4 Längsbeschleunigungen und Stillstände

Die energieeffiziente Gestaltung von Beschleunigungsmanövern und die Reduzierung der Stillstände sind wesentliche Komponenten, um die Verluste im Antriebsstrang und in den Reibbremsen zu verringern. In Abbildung 36 sind die Häufigkeitsverteilungen der Längsbeschleunigungen, die bei den Mess- und bei den Vergleichsfahrten gemessen wurden, gegenübergestellt.

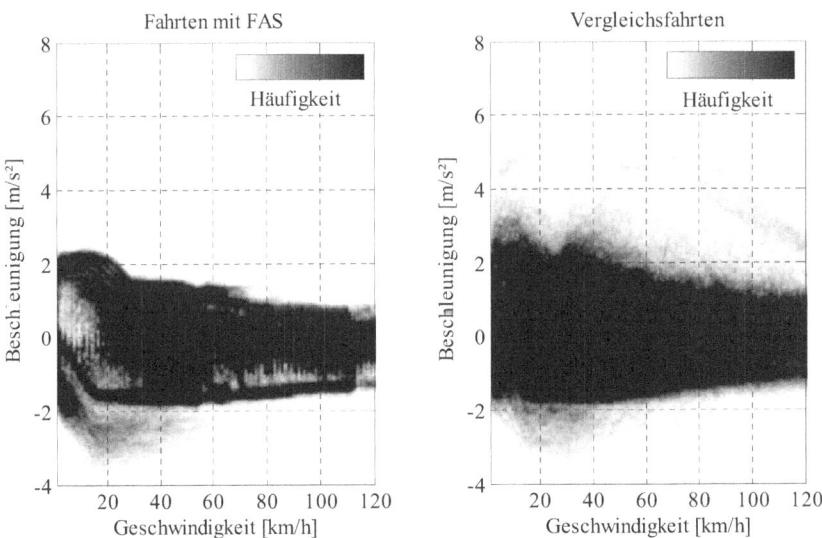

Abbildung 36: Häufigkeitsverteilungen der gemessenen Längsbeschleunigungen

Bei den Fahrten mit Fahrerassistenzsystem sind drei Charakteristika der Häufigkeitsverteilungen im Vergleich zu den gemessenen Längsbeschleunigungen bei manueller Längsführung auffällig:

- Die maximalen positiven Beschleunigungen sind durch die automatisierte Längsführung begrenzt. Die aufgetretenen Längsbeschleunigungen sind auf die Ausprägung des Kennfeldes zurückzuführen, welches in Abbildung 19 dargestellt ist. Die Maximalwerte der im Kennfeld hinterlegten Längsbeschleunigungen bilden die Grenze der bei manueller Längsführung häufig gemessenen Beschleunigungswerte nach. Dies entspricht dem dunklen Bereich der positiven Beschleunigungen im Schaubild für die Vergleichsfahrten. Starke Beschleunigungen, die über diesen dunklen Bereich hinausgehen und zu größeren Verlusten im elektrischen Antriebsstrang führen, werden vermieden.

- Die negativen Längsbeschleunigungen werden nach unten in weiten Bereichen durch die Verzögerung begrenzt, die dem Fahrerassistenzsystem durch Rekuperation zur Verfügung steht. Bei Geschwindigkeiten unterhalb von etwa 60 km/h, was größtenteils innerörtlichen Streckenanteilen zuzuordnen ist, treten stärkere Verzögerungen auf, die auf die Eingriffe des Fahrers zurückzuführen sind. Insbesondere im Geschwindigkeitsbereich unterhalb 20 km/h, in dem die zur Verfügung stehende Rekuperation im Demonstratorfahrzeug immer geringer wird, ist eine große Häufung von Längsbeschleunigungen erkennbar, die durch die Reibbremsen erzeugt werden. Hier divergieren das Fahrerverhalten bei manueller Längsführung, das mit abnehmenden Geschwindigkeiten zunehmende Längsbeschleunigungen zeigt, und die kleiner werdende Verzögerung durch Rekuperation, die dem Fahrerassistenzsystem zur Verfügung steht. Simulationsgestützte Berechnungsergebnisse zur Energie, die in den Reibbremsen dissipiert wird, zeigen keine signifikante Reduzierung bei den Fahrten mit Fahrerassistenzsystem gegenüber den Vergleichsfahrten. Da die Verzögerungen bei der automatisierten Längsführung ausschließlich durch Rekuperation dargestellt werden, ist die durch Reibbremsen dissipierte Energie auf die Fahrereingriffe zurückzuführen. Deren Notwendigkeit ist den Einschränkungen des prototypisch implementierten Fahrerassistenzsystems geschuldet.

- Die Häufigkeitsverteilung für die Fahrten mit Fahrerassistenzsystem weisen innerhalb der beschriebenen oberen und unteren Grenze der gemessenen Längsbeschleunigungen helle Stellen auf. Diese Bereiche repräsentieren Betriebspunkte, die von der automatisierten Längsführung seltener verwendet werden. Im Be-

4.1 Ergebnisse der Messungen

reich negativer Beschleunigungen ist die Linie mit maximaler Rekuperation erkennbar. Die in diesem Geschwindigkeitsbereich durch Rekuperation erzeugte Verzögerung ist für die jeweilige Verkehrssituation häufig nicht ausreichend und erklärt damit auch die seltene Verwendung einer noch geringeren Verzögerung. Der Bereich positiver Beschleunigungen bei Geschwindigkeiten unterhalb 20 km/h repräsentiert überwiegend Anfahrmanöver. Die Randbedingungen, die in diesem Bereich zu Abweichungen von der im Fahrerassistenzsystem implementierten Anfahrstrategien führen, treten vergleichsweise selten auf.

Ein Teil des Potenzials der energieeffizienten Längsführung beruht darauf, die Anzahl der Stillstände und damit die Anzahl der Anfahrvorgänge während Folgefahrten zu reduzieren. In Abbildung 37 sind die während der Mess- und der Vergleichsfahrten aufgetretenen Stillstände gegenübergestellt.

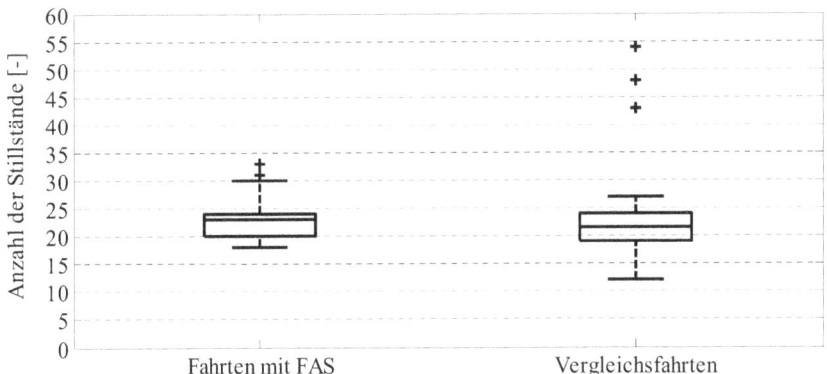

Abbildung 37: Box-Whisker-Plots der Stillstände bei den Fahrten

Darin ist ersichtlich, dass die Anzahl der aufgetretenen Stillstände bei den Mess- und den Vergleichsfahrten keine signifikanten Unterschiede aufweist. Die automatisierte Längsführung führt im Demonstratorfahrzeug damit trotz entsprechender implementierter Regelstrategien im Vergleich zu den Fahrten mit manueller Längsführung nicht zu einer Reduzierung der Stillstände. Als mögliche Ursachen können Eigenschaften der protypischen Umsetzung in Betracht gezogen werden. Die insbesondere bei geringeren Geschwindigkeiten begrenzte Verzögerung der automatisierten Längsführung verhindert in dynamischen Verkehrssituationen die Umsetzung der Strategien zur Vermeidung von Stillständen. Ebenso wirken sich Einschränkungen bei der Umfelderkennung, die der prototypischen Umsetzung des Fahrerassistenzsystems im Demonstratorfahrzeug geschuldet sind, bei der Realisierung der Regelstrategien nachteilig aus.

4.1.5 Umgebungstemperaturen

Das in dieser Arbeit verwendete Konzept zur Quantifizierung des Effekts des Fahrerassistenzsystems auf die Reichweite des Demonstratorfahrzeugs, das in Kapitel 3.7 beschrieben ist, geht von vergleichbaren Umgebungstemperaturverhältnissen bei den Fahrten mit Fahrerassistenzsystem und den Vergleichsfahrten aus. In Abbildung 38 sind die mittleren Temperaturen während der Mess- und Vergleichsfahrten als Box-Whisker-Plots dargestellt.

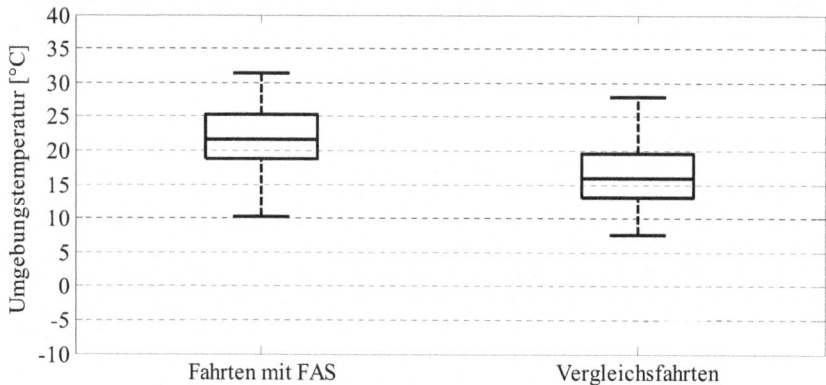

Abbildung 38: Box-Whisker-Plots der mittleren Temperaturen bei den Fahrten

Darin ist zu erkennen, dass das Umgebungstemperaturniveau bei den Fahrten mit Fahrerassistenzsystem um etwa 5 °C höher ist als bei den Vergleichsfahrten. Die Traktionsbatterie des Demonstratorfahrzeugs ist als temperaturempfindlichste Komponente im elektrischen Antriebsstrang in Bezug auf den Wirkungsgrad zu betrachten. Im abgebildeten Temperaturbereich führt die beschriebene Differenz zu keiner signifikanten Änderung des Innenwiderstands, sodass der Einfluss der Umgebungstemperatur auf den Traktionsenergiebedarf vernachlässigt werden kann [100]. Dies legitimiert die beim Quantifizierungskonzept getroffenen Vereinfachungen bei der Modellierung von Temperatureinflüssen.

4.2 Teststatistik

Die Basis zur Erzeugung aussagekräftiger Ergebnisse bildet die Versuchsplanung mit den dabei zugrundegelegten Testbedingungen und der daraus a priori bestimmten erforderlichen Stichprobengröße. Zur Beurteilung der statistischen Aussagekraft der in Kapitel 4.1 dargestellten Ergebnisse ist eine statistische Auswertung der Messfahrten erforderlich. Diese bezieht sich auf die Traktionsenergie als zentrale Untersuchungsgröße und wird in diesem Kapitel beschrieben.

Zur Bestimmung der Wahrscheinlichkeit, mit der das erzielte Ergebnis bei Gültigkeit der Nullhypothese H_0 zustande gekommen ist, wird nach Gleichung (2.3) der t-Wert als standardisierter Stichprobenkennwert für die Nullhypothese H_0 berechnet. Bei Erfüllung der Bedingung $\sigma_A^2/\sigma_B^2 > 4$ sind gemäß Kapitel 2.5.8 die Varianzen der Stichproben als inhomogen einzustufen. Die Auftretenswahrscheinlichkeit wird dann über eine Näherungslösung mit angepassten Freiheitsgraden nach Gleichung (2.4) bestimmt. Die Auftretenswahrscheinlichkeit P_{Prob} der erzielten Mittelwertdifferenz zwischen den Fahrten mit Fahrerassistenzsystem und den Vergleichsfahrten, bei Gültigkeit der Nullhypothese H_0, beträgt $P_{Prob} = 0,019$ %. Die Nullhypothese H_0 kann damit verworfen werden und die Alternativhypothese H_1 angenommen werden. Die zusätzliche Überprüfung der Minimum-Effekt-Hypothese H_{01} und der dazugehörigen Bedingung $F > F_{krit}$ mit Werten, die Tabellen in [69] entnommen sind, ergibt, dass auch die Hypothese H_{01} verworfen werden kann und der erzielte Effekt nicht zu vernachlässigen ist. Die durch das Fahrerassistenzsystem erreichte Verringerung des Traktionsenergiebedarfs ist damit auf dem $\alpha = 0,01$ Niveau signifikant. In Tabelle 5 sind wichtige Kenngrößen der statistischen Auswertung aufgelistet.

Tabelle 5: Kenngrößen der statistischen Auswertung

Kenngröße	Wert
Mittelwertdifferenz $\hat{\mu}_A - \hat{\mu}_B$	0,60
t-Wert	3,83
Varianzverhältnis σ_A^2/σ_B^2	11,92
angepasste Freiheitsgrade df	47,83
Auftretenswahrscheinlichkeit P_{Prob}	0,0001878
F-Äquivalent	14,67
F_{krit_interp} für $df_{N=82}$	11,04

4.3 Gesamtenergiebedarf und Reichweite

Die automatisierte Längsführung des Fahrerassistenzsystems beeinflusst hauptsächlich den Traktionsenergiebedarf des Demonstratorfahrzeugs, weshalb dieser sich als zentrale Untersuchungsgröße eignet. Die tatsächlich erzielbare Reichweite hängt aber vom verfügbaren Energieinhalt der Traktionsbatterie und dem Gesamtenergiebedarf eines Elektrofahrzeugs ab. Der Gesamtenergiebedarf setzt sich aus dem Traktionsenergiebedarf und der Energie zusammen, die von den Nebenverbrauchern benötigt wird. Aufgrund des fehlenden Einflusses durch das Nutzungsverhalten verschiedener Fahrer ist der gemessene Gesamtenergiebedarf bei den Fahrten mit Fahrerassistenzsystem nicht zur Gegenüberstellung mit den Vergleichsfahrten geeignet. Daher wird dieser für die Messfahrten rechnerisch ermittelt. Abbildung 29 zeigt, dass die erreichten Durchschnittsgeschwindigkeiten bei den Mess- und Vergleichsfahrten insgesamt vergleichbar sind. Durch die daraus resultierende vergleichbare Dauer der Fahrten kann von einem vergleichbaren Energiebedarf zeitabhängiger Nebenverbraucher bei den Mess- und Vergleichsfahrten ausgegangen werden. Die Nutzungsintensität der Nebenverbraucher wird durch das Fahrerassistenzsystem nicht beeinflusst. Der gemessene durchschnittliche Energiebedarf der Nebenverbraucher während der Vergleichsfahrten wird zur Ermittlung des Gesamtenergiebedarfs der Fahrten mit automatisierter Längsführung zur dabei gemessenen durchschnittlichen Traktionsenergie addiert.

Der auf diesem Wege ermittelte mittlere Gesamtenergiebedarf bei den Fahrten mit Fahrerassistenzsystem ist 0,6 kWh geringer als der mittlere gemessene Gesamtenergiebedarf bei den Vergleichsfahrten. Dies entspricht einer Reduzierung des Gesamtenergiebedarfs durch die automatisierte Längsführung von 6,1 %. Extrapoliert auf den Gesamtenergiebedarf pro 100 Kilometer führt das Fahrerassistenzsystem zu einer Reduzierung von 1 kWh gegenüber den Vergleichsfahrten mit manueller Längsführung durch die Fahrer.

Aus dem Gesamtenergiebedarf und dem zur Verfügung stehenden Energieinhalt der Traktionsbatterie kann die theoretisch erzielbare Reichweite eines batterieelektrischen Fahrzeugs abgeleitet werden. Den Berechnungen der theoretischen Reichweite für das Demonstratorfahrzeug wird zugrundegelegt, dass der Energieinhalt der Traktionsbatterie vollständig nutzbar ist und dieser den Herstellerangaben entspricht. Der mithilfe der automatisierten Längsführung erreichte geringere Gesamtenergiebedarf führt zu einer um 21,7 km größeren theoretischen Reichweite. Dies entspricht einer Vergrößerung der Reichweite um 6,4 %.

4.3 Gesamtenergiebedarf und Reichweite

Abbildung 39 zeigt den mittleren Gesamtenergiebedarf für das Demonstratorfahrzeug für die Fahrten mit und ohne automatisierte Längsführung sowie die daraus resultierende theoretische Reichweite.

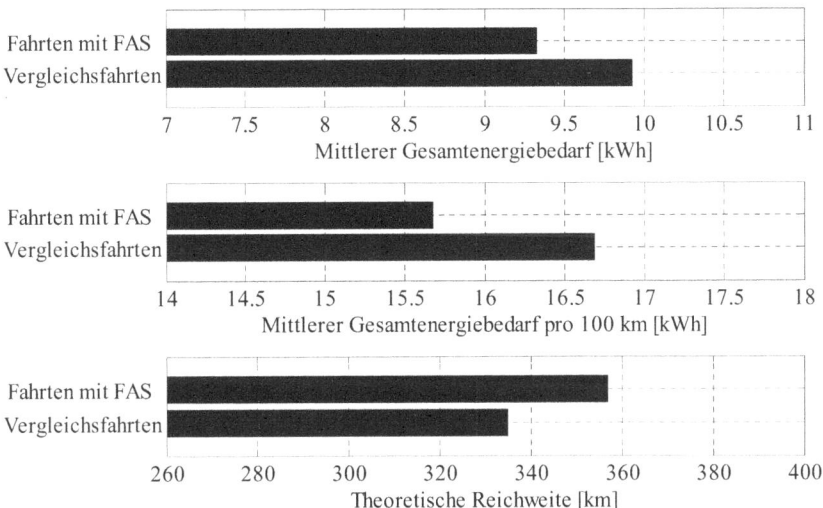

Abbildung 39: Gesamtenergiebedarf und theoretische Reichweite

5 Zusammenfassung und Ausblick

Die vorliegende Arbeit beschreibt die Findung, Realisierung und Quantifizierung eines technischen Ansatzes zur Vergrößerung der Reichweite eines batterieelektrischen Fahrzeugs, um der Reichweitenproblematik heutiger Elektrofahrzeuge zu begegnen. Der Einsatz einer energieeffizienten, automatisierten Fahrzeuglängsführung in einem batterieelektrischen Fahrzeug und deren spezielle Anpassung an die Freiheitsgrade und die Charakteristika des Fahrzeugs führen zu neuen wissenschaftlichen Erkenntnissen darüber, welches Potenzial ein derartiges System im kundenrelevanten Fahrbetrieb in Bezug auf die erzielbare Reichweite besitzt.

Mithilfe eines methodischen Prozesses wurde ausgehend von der Problemstellung ein Lösungsansatz entwickelt und das Systemkonzept abgeleitet. Die Basis des Prozesses bildet die Analyse der Einflussgrößen auf die Reichweite und deren Bewertung hinsichtlich der Kriterien Einfluss, Verbesserungspotenzial und Kosten. Die Fahrweise eines Fahrers hat sich dabei als wirkungsvoller Stellhebel zur Vergrößerung der Reichweite herauskristallisiert, der durch ein Fahrerassistenzsystem auf Führungsebene mit einer energieeffizienten, automatisierten Längsführung adressiert wird. Das dazu vorgestellte Systemkonzept enthält als zentrales Element die prädiktive Berechnung und Optimierung von Geschwindigkeitstrajektorien in Echtzeit. Die Vermeidung unnötiger Beschleunigungsvorgänge, die optimale Ausnutzung kinetischer und potenzieller Energie sowie die Reduzierung der Verluste im elektrischen Antriebsstrang sind wesentliche Strategien der automatisierten Längsführung.

Zur Implementierung und Untersuchung der Fahrerassistenzfunktion wurde eine umfassende Simulationsumgebung eingesetzt, die alle relevanten Schnittstellen für die Fahrerassistenzfunktion bereitstellt. Die vorgestellte Vorgehensweise zur Erstellung des detaillierten Fahrzeugmodells zeigt, wie eine hinreichend genaue Modellierung des abzubildenden Fahrzeugs anhand von Messdaten aus Fahrversuchen basierend auf Minimalkenntnissen über dessen Antriebsstrang erreicht werden kann. Das Simulationsmodell wurde außerdem für eine Potenzialanalyse zur Prüfung der Erfolgsaussichten der Maßnahme und des erarbeiteten Systemkonzepts eingesetzt. Der dabei verwendete situationsbasierte Ansatz untersucht die Auswirkungen der automatisierten Längsführung auf den Energiebedarf in verschiedenen Situationen. Die Extrapolation auf einen repräsentativen Fahrbetrieb erfolgte auf Basis von Messdaten, die in einer repräsentativen Probandenstudie aufgenommen wurden und ergab eine zu erwartende Vergrößerung der Reichweite für das Demonstratorfahrzeug von 10 %.

Die energieeffiziente Fahrzeuglängsführung des Fahrerassistenzsystems, das in dieser Arbeit vorgestellt wurde, basiert auf Vorausschauinformationen, die durch einen kartenbasierten elektronischen Horizont, einen Radarsensor und eine prädiktive, modellbasierte Trajektorienberechnung bereitgestellt werden. Die Hauptaufgaben der Fahrerassistenzfunktion sind die zuverlässige und korrekte Interpretation der aktuellen Fahrsituation und die Verarbeitung der Informationen zu einer energieeffizienten Fahrzeuglängsführung unter Berücksichtigung aller Randbedingungen. Für die energetische Optimierung von Geschwindigkeitstrajektorien wurde ein Algorithmus nach dem Optimalitätsprinzip von Bellman implementiert. Durch die praxisnahe Umsetzung des Fahrerassistenzsystems wurden zusätzlich zu energetischen Kriterien auch Akzeptanzaspekte bei der Automatisierung der Längsführung berücksichtigt. Weitergehende Überlegungen hinsichtlich der Steigerung der Fahrerakzeptanz wurden in einem theoretischen Ansatz zur Systemadaption zusammengefasst. Dieser beinhaltet zur optimalen Ausschöpfung des Potenzials zur Vergrößerung der Reichweite eine Fahrstilerkennung und eine darauf abgestimmte Anpassung des Systemverhaltens.

Das in dieser Arbeit verwendete Quantifizierungskonzept zur Messung des Effekts des Fahrerassistenzsystems auf die Reichweite beruht auf empirischen Untersuchungen, die in Form realer Messfahrten auf einer repräsentativen Strecke mit einer Länge von 60 km durchgeführt wurden. Dazu wurde das Fahrerassistenzsystem prototypisch in einem Demonstratorfahrzeug implementiert. Die Erzeugung aussagekräftiger Ergebnisse wurde durch die statistische Versuchsplanung sichergestellt. Als Bezugsgröße für den Energiebedarf und die daraus resultierende theoretische Reichweite dienten Ergebnisse aus der repräsentativen Probandenstudie mit demselben Fahrzeug, bei der die Längsführung manuell durch die Fahrer erfolgte. Ziel der Untersuchungen war die Quantifizierung des Effekts der automatisierten Längsführung auf die Reichweite des Demonstratorfahrzeugs im Vergleich zur manuellen Fahrweise eines repräsentativen Probandenkollektivs. Die Ergebnisse stützen sich auf je 42 Messfahrten mit und ohne Fahrerassistenzsystem und einer zurückgelegten Strecke von insgesamt 5040 km.

Aufgrund von Einschränkungen bei der prototypischen Implementierung des Fahrerassistenzsystems konnte keine vollständige Automatisierung der Längsführung erreicht werden. Im Mittel wurde bei den Fahrten mit Fahrerassistenzsystem ein Streckenanteil von 97 % mit automatisierter Längsführung zurückgelegt. Dabei wurde eine im Mittel nahezu identische Durchschnittsgeschwindigkeit wie bei den Vergleichsfahrten der Probandenstudie erzielt. Der Einfluss der automatisierten Längsführung bewirkt eine deutlich geringere Streuung der Verbrauchswerte der einzelnen Fahrten. Der Traktionsenergiebedarf konnte insgesamt um 6,6 % gegenüber der manuellen

5 Zusammenfassung und Ausblick

Fahrweise reduziert werden. Entgegen der Erwartungen, dass die Strategie, Verzögerungen ausschließlich durch Rekuperation darzustellen, zu einer Erhöhung der rekuperierten Energie führt, ist diese bei den Fahrten mit Fahrerassistenzsystem geringer. Gleichzeitig wurde jedoch deutlich weniger Traktionsenergie eingesetzt, was in Summe eine Reduzierung des Traktionsenergiebedarfs bewirkte. Die automatisierte Längsführung führt zu einer Harmonisierung der Fahrweise durch Verringerung vermeidbarer Beschleunigungs- und Verzögerungsmanöver und die Umsetzung von Beschleunigungsmanövern mit moderaten Beschleunigungen. Dies bewirkte eine Reduzierung der in Summe auftretenden Fahrwiderstände und eine Verringerung der Wirkungsgradverluste im elektrischen Antriebsstrang. Der Gesamtenergiebedarf liegt bei den Fahrten mit Fahrerassistenzsystem 6,1 % unter dem der Vergleichsfahrten. Der Gesamtenergiebedarf pro 100 km reduziert sich um 1 kWh. Die theoretische Reichweite des Demonstratorfahrzeugs steigt dadurch um 21,7 km. Die statistische Auswertung zeigt, dass die Verringerung des Traktionsenergiebedarfs durch die automatisierte Längsführung auf dem $\alpha = 0,01$ Niveau statistisch signifikant ist.

Die in der Simulation erfolgreich umgesetzte und getestete Strategie zur Reduzierung von Stillständen hat in den Messfahrten zu keiner Änderung der Stillstandsanzahl im Vergleich zur manuellen Fahrweise geführt. Dies ist auf Einschränkungen bei dynamischen Elementen der Vorausschau und die eingeschränkte Verzögerung durch Rekuperation zurückzuführen, die durch die prototypische Systemintegration im Demonstratorfahrzeug bedingt sind. Die Automatisierung der Fahrzeuglängsführung bietet noch weitere Potenziale, den Energiebedarf von Fahrzeugen zu senken. Ein wesentlicher Baustein zur Erschließung ist die Erweiterung der zur Verfügung stehenden Vorausschauinformationen. Hier sind insbesondere V2X-Ansätze, aber auch die weitere Vernetzung der im Fahrzeug verfügbaren Informationen vielversprechend. Das in dieser Arbeit verwendete Quantifizierungskonzept hat nur die Auswirkungen der automatisierten Längsführung auf die Reichweite untersucht. Fragestellungen, die den Fahrer als Bediener des Fahrerassistenzsystems einbeziehen, wurden ausgeblendet. Hier sind weitere Untersuchungen notwendig, die auch psychologische Fragestellungen zu einer automatisierten Fahrzeuglängsführung einbeziehen und die Auswirkungen einer automatischen Adaption des Systemverhaltens auf das Reichweitenpotenzial beleuchten.

Die automatisierte Fahrzeuglängsführung ist eine Komponente des autonomen Fahrens. Ein Fahrerassistenzsystem ist eine Vorstufe auf dem Weg dorthin, die heutige technische und rechtliche Herausforderungen teilweise umschifft. Die neuen Erkenntnisse über die Potenziale einer automatisierten Längsführung zur Senkung des Energiebedarfs bei einem batterieelektrischen Fahrzeug sind die Grundlage dafür, diese Potenziale bei der Realisierung des autonomen Fahrens zu erschließen und damit einen Beitrag zur Lösung der Reichweitenproblematik bei Elektrofahrzeugen zu leisten.

Literaturverzeichnis

[1] Bundesregierung der Bundesrepublik Deutschland: *Nationaler Entwicklungsplan Elektromobilität der Bundesregierung*; 2009; http://www.bmub.bund.de/fileadmin/bmu-import/files/pdfs/allgemein/application/pdf/nep_09_bmu_bf.pdf; Stand vom: 01.09.2014, 14:15 Uhr

[2] Sirch O., Hoff C.: *Vorwort*; In: Elektrik/Elektronik in Hybrid- und Elektrofahrzeugen und elektrisches Energiemanagement; Expert Verlag, Renningen; 2012

[3] Eckstein L.: *Forschungsschwerpunkte für das Automobil der Zukunft*; Zeitschriftenaufsatz; In: ATZextra 06/2011, S. 98 - 101; 2011

[4] Winner H. (Hrsg.), Hakuli S. (Hrsg.), Wolf G. (Hrsg.): *Handbuch Fahrerassistenzsysteme - Grundlagen, Komponenten und Systeme für aktive Sicherheit und Komfort*; 1. Auflage; Vieweg+Teubner Verlag, Wiesbaden; 2009

[5] Müller T.: *Fahrerassistenz auf dem Weg zur automatisierten Fahrzeugführung - Teil 1: Regelungsaufgabe, Rolle des Fahrers und Lösungsansätze*; Zeitschriftenaufsatz; In: ATZ Automobiltechnische Zeitschrift 01|2007, S. 58 - 64; 2007

[6] Reif K. (Hrsg.): *Fahrstabilisierungssysteme und Fahrerassistenzsysteme*; 1. Auflage; Bosch Fachinformation Automobil; Vieweg+Teubner Verlag, Wiesbaden; 2010

[7] Mercedes-Benz : *Herstellerangaben zur Reichweite des Modells B-Klasse ED*; Website; http://www.mercedes-benz.de/content/germany/mpc/mpc_germany_website/de/home_mpc/passengercars/home/new_cars/models/b-class/w242/fascination_/pad_b-class-electric-drive_w242_flash.html#2; Stand vom: 15.09.2014, 11:59 Uhr

[8] Renault : *Herstellerangaben zur Reichweite des Modells ZOE*; Website; http://www.renault.de/renault-modellpalette/ze-elektrofahrzeuge/zoe/zoe/ze-reichweite.jsp; Stand vom: 15.09.2014, 12:04 Uhr

[9] Renault : *Herstellerangaben zur Reichweite des Modells Twizy*; Website; http://www.renault.de/renault-modellpalette/ze-elektrofahrzeuge/twizy/twizy/ze-reichweite.jsp; Stand vom: 15.09.2014, 12:52 Uhr

[10] Chevrolet : *Herstellerangaben zur Reichweite des Modells Spark EV*; Website; http://www.chevrolet.com/spark-ev-electric-vehicle/specs/options.html; Stand vom: 15.09.2014, 12:58

[11] Mini : *Herstellerangaben zur Reichweite des Modells Mini e*; Website; http://www.mini.de/minimalism/product/mini_e/; Stand vom: 15.09.2014, 13:04 Uhr

[12] Nissan : *Herstellerangaben zur Reichweite des Modells Leaf*; Website; http://www.nissan.de/DE/de/vehicle/electric-vehicles/leaf/charging-and-battery/range.html; Stand vom: 15.09.2014, 13:07 Uhr

[13] Renault : *Herstellerangaben zur Reichweite des Modells Kangoo Z.E.*; Website; http://www.renault.de/renault-modellpalette/ze-elektrofahrzeuge/kangoo-ze/kangoo-ze/ze-reichweite.jsp; Stand vom: 15.09.2014, 13:10 Uhr

[14] Mitsubishi : *Herstellerangaben zur Reichweite des Modells i-MiEV*; Website; http://www.mitsubishi-motors.de/Electric-Vehicle/; Stand vom: 15.09.2014, 13:14 Uhr

[15] BMW : *Herstellerangaben zur Reichweite des Modells i3*; Website; http://www.bmw.de/de/neufahrzeuge/bmw-i/i3/2013/techdata.html; Stand vom: 03.09.2014, 16:05 Uhr

[16] Smart : *Herstellerangaben zur Reichweite des Modells Fortwo ED*; Website; http://www.smart.de/de/de/index/smart-fortwo-electric-drive/electric-drive.html; Stand vom: 15.09.2014, 13:17 Uhr

[17] Ford : *Herstellerangaben zur Reichweite des Modells Focus Electric*; Website; http://www.ford.de/Pkw-Modelle/FordFocus-Electric/Aufladenund Fahren#primaryTabs; Stand vom: 15.09.2014, 13:19 Uhr

[18] Volkswagen : *Herstellerangaben zur Reichweite des Modells E-Golf*; Website; http://emobility.volkswagen.de/de/de/private/Autos/eGolf.html; Stand vom: 15.09.2014, 13:23 Uhr

[19] Tesla Motors: *Herstellerangaben zur Reichweite des Modells Roadster*; Website; http://www.teslamotors.com/de_DE/roadster; Stand vom: 15.09.2014, 13:26 Uhr

[20] Tesla Motors: *Herstellerangaben zur Reichweite des Modells Model S (85 kWh)*; Website; http://www.teslamotors.com/en_EU/models/features#/performance; Stand vom: 15.09.2014, 13:29 Uhr

Literaturverzeichnis

[21] Volkswagen : *Herstellerangaben zur Reichweite des Modells E-up!*; Website; http://www.volkswagen.de/de/models/up/varianten.s9_trimlevel_detail.suffix.html/e-up~2Fe-up.html#/tab=1bae3a9b847aaf26d6dd239d0475be8f; Stand vom: 15.09.2014, 13:32 Uhr

[22] Reuss H.C., Grimm M., Freuer A.: *Messung und statistische Analyse der Leistungsflüsse und Energieverbräuche bei Elektrofahrzeugen im kundenrelevanten Fahrbetrieb*; Vortrag; In: 4. Deutscher Elektro-Mobil Kongress, Essen; 2012

[23] Korthauer R. (Hrsg.): *Handbuch Lithium-Ionen-Batterien*; Springer Vieweg Verlag, Berlin, Heidelberg; 2013

[24] Ecker M., Sauer D. U.: *MTZ Wissen: 8. Batterietechnik - Lithium-Ionen-Batterien*; Zeitschriftenaufsatz; In: MTZ - Motortechnische Zeitschrift 01|2013, S. 66 - 70; 2013

[25] Mollenhauer K. (Hrsg.): *Handbuch Dieselmotoren*; 3. Auflage; Springer Verlag, Berlin, Heidelberg; 2007; ISBN: 978-3-540-72164-2

[26] Ministerium für Finanzen und Wirtschaft Baden-Württemberg (Hrsg.), e-mobil BW GmbH - Landesagentur für Elektromobilität und Brennstoffzellentechnologie (Hrsg.), Fraunhofer-Institut für Arbeitswissenschaft und Organisation (IAO) (Hrsg.): *Strukturstudie BWe mobil 2011 - Baden Württemberg auf dem Weg in die Elektromobilität*; Bericht, Stuttgart; 2011

[27] Wirtschaftswoche : *E-Auto-Batterien: Daimler und Evonik suchen Partner für Li-Tec*; 2013; http://www.wiwo.de/unternehmen/auto/dramatischer-preisverfall-e-auto-batterien-daimler-und-evonik-suchen-partner-fuer-li-tec/8350860.html; Stand vom: 15.09.2014, 13:35 Uhr

[28] Fraunhofer-Institut für System- und Innovationsforschung ISI, Bundesministerium für Verkehr, Bau und Stadtentwicklung (BMVBS) (Hrsg.): *Roadmap zur Kundenakzeptanz - Zentrale Ergebnisse der sozialwissenschaftlichen Begleitforschung in den Modellregionen*, Berlin; 2012; http://publica.fraunhofer.de/eprints/urn:nbn:de:0011-n-1929158.pdf; Stand vom: 15.09.2014, 13:38 Uhr

[29] Lesemann M., Fassbender S., Stein J.: *Kundenanforderungen an Elektrofahrzeuge*; Zeitschriftenaufsatz; In: ATZ Automobiltechnische Zeitschrift 11|2013, S. 868 - 873; 2013

[30] Gemeinsame Geschäftsstelle Elektromobilität der Bundesregierung (GGEMO): *Fortschrittsbericht der Nationalen Plattform Elektromobilität (Dritter Bericht)*, Berlin; 2012; http://www.bmub.bund.de/fileadmin/bmu-import/files/pdfs/allgemein/application/pdf/bericht_emob_3_bf.pdf; Stand vom: 15.09.2014, 13:40 Uhr

[31] Franke T.: *Nachhaltige Mobilität mit begrenzten Ressourcen: Erleben und Verhalten im Umgang mit der Reichweite von Elektrofahrzeugen*; Dissertation; TU Chemnitz; 2014

[32] Rumbolz P.: *Untersuchung der Fahrereinflüsse auf den Energieverbrauch und die Potentiale von verbrauchsreduzierenden Verzögerungsassistenzfunktionen beim PKW*; Dissertation; Expert Verlag, Renningen; 2013

[33] Grein F. G., Wiedemann J.: *Perspektiven der Vorausschau in der Fahrerassistenz*; In: 5. Internationales Stuttgarter Symposium Kraftfahrwesen und Verbrennungsmotoren, 628-642; Expert Verlag, Renningen; 2003

[34] Wagner C., Salfeld M., Knoll S., Reuss H.C.: *Quantifizierung des Einflusses von ACC auf die CO2-Emissionen im kundenrelevanten Fahrbetrieb*; In: 10th Stuttgart International Symposium Automotive and Engine Technology, S.403-424; Vieweg+Teubner Verlag, Wiesbaden; 2010

[35] Weller R.: *The Potential of GPS-Based Predictive Cruise Control*; In: Automotive Powertrain Control Systems, S. 371-380; IAV; DCM Verlag, Meckenheim; 2014

[36] Daimler AG : *Predictive Powertrain Control - Clever cruise control helps save fuel*; Website; http://media.daimler.com/dcmedia/0-921-1404221-1-1491206-1-0-0-0-0-0-0-0-0-0-0-0-0.html; Stand vom: 09.10.2014, 14:04 Uhr

[37] Nordström P.E.: *Neu: Scania vorausschauende Geschwindigkeitsregelanlage spart Kraftstoff mithilfe von GPS-Daten*; Website; http://www.scania.de/Images/P11Z01DE%20Vorausschauende%20 Geschwindigkeitsregelanlage_tcm61-285939.pdf; Stand vom: 09.10.2014, 14:00 Uhr

[38] Audi : *Effizienztechnologien - Schaltanzeige*; Website; http://origin-www.audi.com/de/brand/de/neuwagen/effizienz/effizienztechnologien/ assistenzsysteme/schaltanzeige.html; Stand vom: 10.10.2014, 12:44 Uhr

Literaturverzeichnis

[39] Opel : *Fahrzeugoptimierungen - Gangschaltindikator*; Website; http://www.opel.de/fahrzeuge/ecoflex/highlights/fahrzeugoptimierung.html; Stand vom: 10.10.2014, 12:50 Uhr

[40] Nissan : *World First Eco Pedal Helps Reduce Fuel Consumption*; Website; http://www.nissan-global.com/EN/NEWS/2008/_STORY/080804-02-e.html; Stand vom: 10.10.2014, 14:31 Uhr

[41] Back M., Hermsen M., Strenkert J., Keller U.: *The Powertrain of the Mercedes-Benz S500 Plug-In Hybrid*; In: Automotive Powertrain Control Systems, S.53-75; IAV; DCM Verlag, Meckenheim; 2014

[42] BMW : *BMW i ConnectedDrive Dienste für Navigation*; Website; http://www.bmw.de/de/neufahrzeuge/bmw-i/bmw-i/connecteddrive.html; Stand vom: 13.10.2014, 14:55 Uhr

[43] Audi : *Effizienztechnologien - Ökonomische Routenführung*; Website; http://origin-www.audi.com/de/brand/de/neuwagen/effizienz/ effizienztechnologien/assistenzsysteme/oekonomische_routenfuehrung.html; Stand vom: 13.10.2014, 14:57 Uhr

[44] Dib W., Serrao L., Sciarretta A., IEEE (Hrsg.): *Optimal Control to Minimize Trip Time and Energy Consumption in Electric Vehicles*; In: Vehicle Power and Propulsion Conference (VPPC), Chicago; 2011

[45] Kamal M.A.S., Mukai M., Murata J., Kawabe T.: *Model Predictive Control of Vehicles on Urban Roads for Improved Fuel Economy*; Zeitschriften-aufsatz; In: IEEE Transactions on Control Systems Technology 3/2013, S. 831–841; 2013

[46] Saerens B.: *Optimal Control Based Eco-Driving*; Dissertation; Katholieke Universiteit Leuven; 2012

[47] Kalabis M., Müller S.: *A Model Predictive Approach for a Fuel Efficient Cruise Control System*; Buchkapitel; In: Zukünftige Entwicklungen in der Mobilität - Betriebswirtschaftliche und technische Aspekte; Gabler Verlag, Wiesbaden; 2012

[48] Kohut N., Hedrick K., Borrelli F.: *Integrating Traffic Data and Model Predictive Control to Improve Fuel Economy*; In: 12th IFAC Symposium on Control in Transportation Systems, Redondo Beach, CA; 2009

[49] Braun R., Busch F., Kemper C., Hildebrandt R., Weichenmeier F., Menig C., Paulus I., Preßlein-Lehle R.: *TRAVOLUTION – Lichtsignalsteuerung und LSA-Fahrzeug-Kommunikation*; Zeitschriftenaufsatz; In: Straßenverkehrstechnik 06/2009, S. 365-374; 2009

[50] Flehmig F., Kästner F., Knödler K., Knoop M.: *ECO-ACC für Elektro- und Hybridfahrzeuge*; Zeitschriftenaufsatz; In: ATZ Automobiltechnische Zeitschrift 04|2014, S. 22-27; 2014

[51] Markschläger P., Wahl H.G., Weberbauer F., Lederer M.: *Assistenzsystem für mehr Kraftstoffeffizienz*; Zeitschriftenaufsatz; In: ATZ Automobiltechnische Zeitschrift 11|2012, S. 850-855; 2012

[52] Roth M., Radke T., Lederer M., Gauterin F., Frey M., Steinbrecher C., Schröter J., Goslar M.: *Porsche InnoDrive – An Innovative Approach for the Future of Driving*; In: 20. Aachener Kolloquium Fahrzeug- und Motorentechnik; fka, Aachen; 2011

[53] Freuer A., Grimm M., Reuss H.C.: *Automatic cruise control for electric vehicles – Statistical consumption and driver acceptance analysis in a representative test person study on public roads*; In: 14th Stuttgart International Symposium Automotive and Engine Technology, S. 759-779; Springer Vieweg Verlag, Wiesbaden; 2014

[54] Schwickart T., Voos H., Hadji-Minaglou J.R., Darouach M.: *A Novel Model-Predictive Cruise Controller for Electric Vehicles and Energy-Efficient Driving*; In: 2014 IEEE/ASME International Conference on Advanced Intelligent Mechatronics (AIM); IEEE, Piscataway; 2014

[55] Zlocki A., Benmimoun A., Themann P.: *Eco ACC - Ansatz für die Bewertung des Energieeinsparpotenzials eines ACC-Algorithmus für Hybridfahrzeuge*; In: 19. Aachener Kolloquium Fahrzeug- und Motorentechnik, 1713-1729; Eurogress; fka, Aachen; 2010

[56] Themann P., Zlocki A., Eckstein L.: *Energieeffiziente Fahrzeuglängsführung durch V2X-Kommunikation*; Zeitschriftenaufsatz; In: ATZ Automobiltechnische Zeitschrift 07-08|2014, S. 62 – 67; 2014

[57] Dornieden B., Junge L., Pascheka P.: *Vorausschauende energieeffiziente Fahrzeuglängsregelung*; Zeitschriftenaufsatz; In: ATZ Automobiltechnische Zeitschrift 03|2012, S. 230 - 235; 2012

[58] Abel D., Bollig A.: *Rapid Control Prototyping*; 1. Auflage; Springer, Berlin, Heidelberg; 2006

Literaturverzeichnis

[59] Pietruszka W. D.: *MATLAB® und Simulink® in der Ingenieurpraxis*; 4., überarb., aktualisierte u. erw. Auflage; Springer Vieweg Verlag, Wiesbaden; 2014

[60] Rothermel T.: *ADAS Framework - Framework zur integrierten Entwicklung von Fahrerassistenzfunktionen im Stuttgarter Fahrsimulator und in den Versuchsträgern des IVK/FKFS*; Interne Dokumentation; IVK/FKFS; 2013

[61] Bellman R.: *Dynamic Programming*; Princeton University Press, Princeton, NJ, USA; 1957

[62] Robert Bosch GmbH (Hrsg.): *Adaptive Fahrgeschwindigkeitsregelung ACC*; In: Gelbe Reihe 1. Ausgabe, Stuttgart; 2002

[63] Robert Bosch GmbH (Hrsg.): *Autoelektrik, Autoelektronik*; 5., vollständig überarbeitete und erweiterte Auflage; Friedr. Vieweg & Sohn Verlag, Wiesbaden; 2007

[64] Siebenpfeiffer W. (Hrsg.): *Vernetztes Automobil - Sicherheit, Car-IT, Konzepte*; ATZ/MTZ-Fachbuch; Springer Vieweg Verlag, Wiesbaden; 2014

[65] Ludwig J.: *Elektronischer Horizont für vorausschauende Kartendaten*; Zeitschriftenaufsatz; In: ATZelektronik 07|2014, S. 24 - 27; 2014

[66] Minett C. F., Salomons A. M., Daamen W., van Arem B., Kuijpers S.: *Eco-Routing: Comparing the Fuel Consumption of Different Routes between an Origin and Destination Using Field Test Speed Profiles and Synthetic Speed Profiles*; In: 2011 IEEE Forum on Integrated and Sustainable Transportation Systems 29.06.-01.07.2011, Wien; IEEE; 2011

[67] Tesla Motors: *Technische Daten des Modells Roadster*; Website; http://www.teslamotors.com/de_DE/roadster/specs; Stand vom: 17.12.2014, 17:32 Uhr

[68] Tesla Motors: *Technologie des Modells Roadster*; Website; http://www.teslamotors.com/de_DE/roadster/technology; Stand vom: 17.12.2014, 17:35 Uhr

[69] Bortz J., Döring N.: *Forschungsmethoden und Evaluation für Human- und Sozialwissenschaftler*; 4., überarbeitete Auflage; Springer Medizin Verlag, Heidelberg; 2006

[70] Rasch B., Friese M., Hofmann W., Naumann E.: *Quantitative Methoden Band 1 - Einführung in die Statistik*; 2., erweiterte Auflage; Springer Medizin Verlag, Heidelberg; 2006

[71] Bhattacharyya M.: *To Pool or Not to Pool: A Comparison Between Two Commonly Used Test Statistics*; Zeitschriftenaufsatz; In: International Journal of Pure and Applied Mathematics, Volume 89, No. 4, S. 497-510; Academic Publications, Ltd., Sofia; 2013

[72] Keichel M. (Hrsg.), Schwedes O. (Hrsg.): *Das Elektroauto - Mobilität im Umbruch*; Springer Vieweg Verlag, Wiesbaden; 2013

[73] Wallentowitz H., Freialdenhoven A.: *Strategien zur Elektrifizierung des Antriebsstranges - Technologien, Märkte und Implikationen*; 2., überarbeitete Auflage; Vieweg+Teubner Verlag, Wiesbaden; 2011

[74] Freuer A., Abu Mohareb O., Grimm M., Reuss H.C.: *Project e-Smart: An E-mobility Research Platform for Students made by Students - part 2*; Zeitschriftenaufsatz; In: EETimes Europe; 05/2012

[75] Braess H.H. (Hrsg.), Seiffert U. (Hrsg.): *Vieweg-Handbuch Kraftfahrzeugtechnik*; 7. Auflage; Springer Vieweg Verlag, Wiesbaden; 2013

[76] Bohmann C., Fischer T., Jeck P., Bouvy C., Allmann C., Schüssler M., Lorenz M., Hörth L.: *E Performance - More Range with Thermal Management*; In: 12th Stuttgart International Symposium Automotive and Engine Technology, S.275–286; Springer Vieweg Verlag, Wiesbaden; 2012

[77] Klassen V., Leder M., Hossfeld J.: *Klimatisierung im Elektrofahrzeug*; Zeitschriftenaufsatz; In: ATZ Automobiltechnische Zeitschrift 02|2011, S.118-123; 2011

[78] Eckstein L., Schmitt F., Hartmann B.: *Leichtbau bei Elektrofahrzeugen*; Zeitschriftenaufsatz; In: ATZ Automobiltechnische Zeitschrift 11|2010, S.789-795; 2010

[79] Schlott S.: *„Der Leidensdruck wird den Takt vorgeben" - Interview mit Prof. Dr.-Ing. Jochen Wiedemann*; In: ATZ Automobiltechnische Zeitschrift 04|2014, S.18-20; 2014

[80] Wiedemann J.: *Leichtbau bei Elektrofahrzeugen - Wieviel ist er uns (noch) wert?*; Zeitschriftenaufsatz; In: ATZ Automobiltechnische Zeitschrift 06|2009, S.462-463; 2009

[81] af Wåhlberg A. E.: *Long-term effects of training in economical driving: Fuel consumption, accidents, driver acceleration behavior and technical feedback*; Zeitschriftenaufsatz; In: International Journal of Industrial Ergonomics Nr. 4, 37. Jahrgang, S. 333 -343; Elsevier B.V.; 2007

Literaturverzeichnis

[82] Rolim C., Baptista P., Duarte G., Farias T., Shiftan Y.: *Quantification of the impacts of eco-driving training and real - time feedback on urban buses driver's behaviour*; Zeitschriftenaufsatz; In: Transportation Research Procedia Nr. 3, S. 70 - 79; Elsevier B.V.; 2014

[83] Auer M., Grimm M., Kuthada T., Reuss H.C., Wiedemann J., Krug S.: *Numerical Investigation of Range Achievement with a Generic Electric Vehicle*; In: 12th Stuttgart International Symposium Automotive and Engine Technology, S.287-303; Springer Vieweg Verlag, Wiesbaden; 2012

[84] Pischinger S., Genender P., Klopstein S., Hemkemeyer D.: *Aufgaben beim Thermomanagement von Hybrid- und Elektrofahrzeugen*; Zeitschriftenaufsatz; In: ATZ Automobiltechnische Zeitschrift 04|2014, S.54-59; 2014

[85] Bachofer F., Strobl J. (Hrsg.), Blaschke T. (Hrsg.), Griesebner G. (Hrsg.): *Einfluss der vertikalen Genauigkeit von DGM auf das EcoRouting von Elektrofahrzeugen*; In: Angewandte Geoinformatik 2011 - Beiträge zum 23. AGIT-Symposium Salzbrug, S. 338 - 346; Herbert Wichmann Verlag, VDE Verlag GmbH, Berlin, Offenbach; 2011

[86] Dorrer C.: *Effizienzbestimmung von Fahrweisen und Fahrerassistenz zur Reduzierung des Kraftstoffverbrauchs unter Nutzung telematischer Informationen*; Dissertation; Expert Verlag, Renningen; 2004

[87] Becker G., Reuss H.C.: *Efficient Cruise Control – A Measure for Electric Vehicle Range Increase*; In: 13th Stuttgart International Symposium Automotive and Engine Technology, S.1-12; Springer Vieweg Verlag, Wiesbaden; 2013

[88] International Organization for Standardization: *Intelligent transport systems - Adaptive Cruise Control systems - Performance requirements and test procedures*; Norm ISO 15622:2010; 2010

[89] Kuncz D., Baumgartner E.: *Vorausschauende Routenwahl*; Präsentation zum Projektabschluss des Projektes Energieeffizientes Fahren 2014 (EFA2014); Forschungsinstitut für Kraftfahrwesen und Fahrzeugmotoren Stuttgart (FKFS), Dresden; 2014

[90] Neumeister D., Wiebelt A., Heckenberger T.: *Systemeinbindung einer Lithium-Ionen-Batterie in Hybrid- und Elektroautos*; Zeitschriftenaufsatz; In: ATZ Automobiltechnische Zeitschrift 04|2010, S.250-255; 2010

[91] Begluk S., Boxleitner M., Schlager R., Heimberger M., Maier C., Gawlik W.: *Symbiose und Speicherfähigkeit von dezentralen Hybridsystemen*; In: 8. Internationale Energiewirtschaftstagung an der TU Wien, Wien; 2013

[92] Frey A.: *Adaptive Cruise Control für ein Elektrofahrzeug*; Diplomarbeit; Universität Stuttgart, Institut für Verbrennungsmotoren und Kraftfahrwesen, Stuttgart; 2012

[93] Intelligente Transport- und Verkehrssysteme und -dienste Niedersachsen e.V. (Hrsg.): *Hybrid and Electric Vehicles 11th Symposium*; Tagungsband, Braunschweig; 2014; ISBN 978-3-937655-32-1

[94] Becker G., Reuss H.C.: *Efficient Cruise Control - A Method for Increasing the Range of Electric Vehicles*; In: Automotive Powertrain Control Systems, S. 413-425; IAV; DCM Verlag, Meckenheim; 2014

[95] Riemer T.: *Vorausschauende Betriebsstrategie für ein Erdgashybridfahrzeug*; Dissertation; Expert Verlag, Renningen; 2012

[96] Buck S.: *Konzeption und Ausrüstung eines Elektrofahrzeugs mit einem Rapid Prototyping System*; Bachelorarbeit; Universität Stuttgart, Institut für Verbrennungsmotoren und Kraftfahrwesen, Stuttgart; 2013

[97] Singh A. K.: *Efficient Longitudinal Cruise Control of an Electric Vehicle*; Masterthesis; Universität Stuttgart, Institut für Verbrennungsmotoren und Kraftfahrwesen, Stuttgart; 2013

[98] Mayser C., Lippold C., Ebersbach D., Dietze M.: *Fahrerassistenzsysteme zur Unterstützung der Längsregelung im ungebundenen Verkehr*; Konferenzbeitrag; In: 1. Tagung Aktive Sicherheit durch Fahrerassistenzsysteme, München; 2004

[99] Schulz A., Fröming R.: *Analyse des Fahrerverhaltens zur Darstellung adaptiver Eingriffsstrategien von Assistenzsystemen*; Zeitschriftenaufsatz; In: ATZ Automobiltechnische Zeitschrift 12|2008, S.1124-1131; 2008

[100] Andre D., Meiler M., Steiner K., Wimmer C., Soczka-Guth T., Sauer D. U.: *Characterization of high-power lithium-ion batteries by electrochemical impedance spectroscopy. I. Experimental investigation*; Zeitschriftenaufsatz; In: Journal of Power Sources, Nr. 12, 196. Jg, S.5334–5341; Elsevier B.V.; 2011

[101] Hellström E.: *Look-ahead Control of Heavy Vehicles*; Dissertation; Linköping University; LiU-Tryck, Linköping; 2010

The manufacturer's authorised representative in the EU is Springer Nature Customer Service Centre GmbH, Europaplatz 3, 69115 Heidelberg, Germany. If you have any concerns regarding our products, please contact ProductSafety@springernature.com

Printed and bound by CPI Group (UK) Ltd, Croydon, CR0 4YY

23/03/2026

02076394-0007